国际服装丛书·技术

欧洲服装纸样设计：
立体造型·样板技术（第2版）

[英]帕特·帕瑞斯（Pat Parish） 著

杨子田 译

中国纺织出版社有限公司

内 容 提 要

本书不同于一般的服装纸样设计图书，讲解了创意样板的技术及绘制方法，对服装结构设计进行了探索，既介绍了样板的发展和历史，又阐述了主要的服装廓型、结构，并进一步揭示了如何通过一定的裁剪和造型方法，将其转化为三维形态。

本书图文并茂，注重结构、设计与美学的结合，强调实用性与创意性。书中呈现了大量极具代表性和启发性的结构案例，如服装教学、工作室及著名时装设计师的作品，使读者融会贯通，在掌握具体操作方法的同时，启迪服装结构设计的思路。全书内容实用，可作为高等院校服装专业的教学用书，也可作为服装企业技术人员和设计人员的参考用书。

原文书名：Pattern Cutting: The Architecture of Fashion, Second Edition

原作者名：Pat Parish

©Bloomsbury Publishing Plc, 2018

This translation of Pattern Cutting: The Architecture of Fashion is published by China Textile & Apparel Press by arrangement with Bloomsbury Publishing Plc.

本书中文简体版经Bloomsbury Publishing Plc授权，由中国纺织出版社有限公司独家出版发行。

著作权合同登记号：图字：01-2019-2950

图书在版编目（CIP）数据

欧洲服装纸样设计：立体造型·样板技术 /（英）帕特·帕瑞斯著；杨子田译 .--2 版 . -- 北京：中国纺织出版社有限公司，2021.9

（国际服装丛书 . 技术）

书名原文：PATTERN CUTTING：THE ARCHITECTURE OF FASHION，2ND EDITION

ISBN 978-7-5180-8699-3

Ⅰ.①欧… Ⅱ.①帕… ②杨… Ⅲ.①服装设计—纸样设计 Ⅳ.① TS941.2

中国版本图书馆 CIP 数据核字（2021）第 138582 号

责任编辑：李春奕 籍 博 责任校对：寇晨晨
责任设计：何 建 责任印制：王艳丽

中国纺织出版社有限公司出版发行
地址：北京市朝阳区百子湾东里A407号楼 邮政编码：100124
销售电话：010—67004422 传真：010—87155801
http://www.c-textilep.com
中国纺织出版社天猫旗舰店
官方微博http://weibo.com/2119887771
北京华联印刷有限公司印刷 各地新华书店经销
2015 年1月第1版 2021年9月第2版第1次印刷
开本：889×1194 1/16 印张：14.75
字数：372千字 定价：119.80元

对面页

乔安娜·阿尔马格罗（Joana Almagro）

创意性样板剪裁和对色彩的趣味应用反映了学生毕业作品的廓型和比例。

3

4

7

本书通过讲解创意样板技术及绘制，对服装结构设计进行了探索。本书不仅介绍了主要的服装廓型、结构，并通过一定的平面剪切、立体裁剪及其他塑型方法等，将其转化为三维形态。

采用**分步讲解**并提供带注释的结构图。

款式图和坯布样衣照片可以预先展示效果。

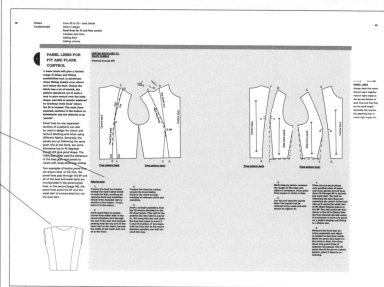

在疑惑点或难点处提供**疑难解答**。

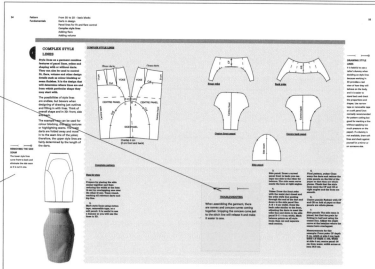

页边添加备注说明。

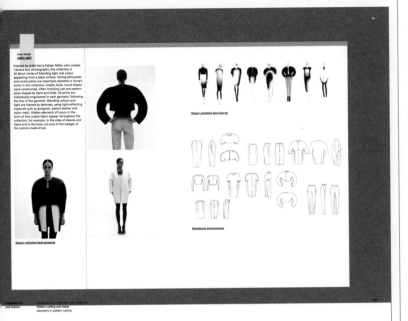

案例研究部分演示了基础样板如何通过进一步的处理和调整来呈现更好的效果。

第7章的"**可持续性和时尚**"点明了一些重要问题。

本书所用的缩写词

BP——胸点

CB——后中心

CBL——后中心线

CF——前中心

CFL——前中心线

H——臀围

LHS——左手边

NP——侧颈点（肩线和领口线的交点）

RHS——右手边

RSU——正面向上（当把样板放置在面料上时）

SL——袖长

SP——肩端点（肩线和袖山弧线的交点）

SS——侧缝

UP——腋下点

WSU——反面向上（当把样板放置在面料上时）

XB——后背宽（通过肩胛骨测量）

XF——前胸宽（通过胸点测量）

引言

时尚是一种创新性的产业，吸引着世界上很多实践者前赴后继。作为一门学科，时装设计可以极具创造性，因为它创造或重塑出或微妙或极端的方法来为人体着装。时装设计和样板制作总是被视为不同的两门学科，但它们是紧密联系的。通过展示，一件设计师的设计作品固然可以得到认可，但通常是通过样板制作成服装才能被人们所接受。样板制作甚至可以取得更高的艺术成就。玛德琳·维奥内特（Madeleine Vionnet）、巴黎世家（Balenciaga）、亚历山大·麦昆（Alexander McQueen）、川久保玲（Rei Kawakubo）就是少数通过极富创意性、精湛的样板技术创造出时尚作品的设计师。

设计师需要学习很多的技能来创造、发展和提炼设计概念。为了实验和呈现他们的想法，设计师也同样需要技能来制作设计原型，从而量度一个设计概念是否成功。样板制作技术是连接设计概念和成衣服装的重要因素——这就是服装结构。

本书从一个设计师的角度来介绍样板设计的方法，能让你很好地理解所有实践领域的美学原理。本书旨在为服装设计的学生和对制作服装感兴趣的个人提供帮助，同样，对于想要探索面料性能的纺织服装学院的学生也能有所指导。

本书内容包括初学者的基础课程，并选择一些有难度的样板分步讲解来鼓励读者创造出更多复杂的设计作品。在将设计概念转化为实物的过程中，不够理解或者缺乏相关技能，很容易使人产生沮丧感。本书提供了简单、清晰的制作指导以及启发性的图片，希望能够鼓舞读者。

样板制作是一门实践性的学科。本书将通过实例图片来介绍技术步骤，以简捷的方式来陈述看起来很复杂的过程，即用简单的方法来阐释这种工艺技巧。

将设计作品转化为样板，需要对形体、比例、整体细节平衡等有敏锐的把握能力，本书以一种整体的方式，把纸样与设计关联起来探讨样板的制作。以服装的廓型和细部特征等关键部分作为出发点，通过样板设计来解决服装设计的问题。书中用连续的图表演示了绘制基础样板的方法，对肩部和衣领等设计细节作为整个设计理念的一部分也作了详细说明。整体设计方法还包括很多需要考虑的细节，如袖克夫、腰带和装饰等，并且分析了它们对整体服装设计有什么帮助。这些设计细节的形状和比例可以成为设计成功的一个决定性因素。

本书同时介绍了样板制作的历史，阐述了消费主义的兴起和大规模生产模式的发展对服装时尚产业的影响，将制板这门实践学科与理论知识相结合。

可持续时尚的核心问题需要设计师、生产者和消费者共同来思索。本书把服装从设计到样板制作的过程，纳入环保时尚的整体系统中，探索了可行性办法。如一般情况下，合体服装的使用率比较高，这样可延长其使用寿命，并延缓其废弃的时间。

消费者对流行趋势更有感觉，很容易接受网站上的季节性系列服装，资深的服装消费者对创新性设计和合体性好的服装的需求在不断地增长。这促使设计者将设计和样板更好地结合在一起，并探索更为环保的方法。样板制作所产生的浪费可能是需要被重视的问题，其应被纳入环保设计当中，或者改变样板设计方法以减少浪费。本书鼓励读者找到自己的解决方案。

人们普遍认为样板制作很难，因为太具技巧性而显得枯燥乏味。本书旨在向读者展示样板制作并非如此，而是具有创新性、自发性和个性。我们希望这本书能够给那些想要在样板制作方面有所作为的读者带来灵感、勇气和自信。

上图
杰西卡·巴赫曼（Jessica Bachmann）：
曼彻斯特艺术学院
有趣的细节为这种流畅、宽大的廓型赋予了
个性。
参见第3章的内容来寻找灵感。

1

专业背景

本章解释了什么是样板制作，介绍了样板制作的发展和历史，以及怎样通过人体测量来完善样板的标准尺寸系统。它反映了近几十年人体体型尺寸的变化，以及人体美学价值观的改变。本章明确地解释了如何对个体进行人体测量，并详尽地说明了绘制样板所需的工具。在服装设计和制作的过程中，制板师占有相当重要的地位。

什么是样板

1

　　样板就是三维形态的二维展现。在服装中，样板通常采取前、后片的纸样形式，按样板裁剪出衣片的形状再进行拼接缝纫，这样就形成了服装。制作样板的方法有许多，传统方法是利用一组有具体尺寸的样板原型来代表身体各部位的服装基本型（如衣身、袖子、裙子、裤子），并将这些原型作为基本样板轮廓。制作原型的方法有很多种，很多作者在其制板书中都有提及。在这本书中，我使用了威尼弗雷德·奥尔德里奇（Winifred Aldrich）的《经典女装样板》中的原型，我认为该原型非常适用于人台。

解构探析服装

　　解构现有的服装便于初学者理解服装成品和服装样板之间的转化，其具体解构步骤如下：

　　拍摄或绘制服装的正面、背面和侧面，还应包含一些细节，如腰带、领子、袖口和口袋。

　　拍摄服装分解细部，注意它是如何缝制完成的。

　　用粉笔画出或用大头针在人台上别出后中心线、前中心线、胸围线、腰围线以及臀围线，在后中心线处标记出领子的后中位置，对折袖子并标注出袖子的中心线。

　　仔细拆分半边服装（整件服装也可以）。

　　画出拆分的每片衣片或将其拍摄下来。

　　小心压住衣片的边缘以防止衣片拉伸变形，然后拷贝画出轮廓线。

　　这样就容易明白样板是如何组装到一起形成服装的。

原型

　　原型是用卡纸或塑料片制作而成的，它是一种模板，可用来拷贝其轮廓线。原型的准备最好要包括对预期基本样板形状和合体度的调整。原型的衣身一般松量较大，这样服装的合体性可以根据需要做出相应的调整。对于调整量的大小，没有一个具体的准则，完全取决于预期的设计效果。

　　先将纸质样板别到人台上，然后用软芯铅笔、黑胶带或专业标记带在人台上做出设计线。这种制作顺序被广泛应用。

　　原型及样板同样也可以利用三维人台立体裁剪的办法来制作，该方法在本书后面有详细的介绍。

　　季节性的服装设计通常需要新的板型，但惯例是利用以前已经制作完成的样板，以省去尝试和检测样板的步骤，这样就可以节省许多时间。设计师都有其标志风格和设计惯性，但是新想法意味着需要发现新的概念和新的板型——特别制作的样板可以作为一系列服装的基础，并将设计概念融合在一起。

　　样板开发时间的长短取决于企业的类型。例如，对于高级定制服装，在制板阶段花费几小时甚至几天都是合理的；但对于大公司的设计师来说，时间和金钱至关重要，他们很少将时间花在研究样板和试衣上。

计算机与制板

　　应用于服装制板的计算机软件通常被称为CAD/CAM（Computer-aided Design and Computer-aided Manufacture，计算机辅助设计与计算机辅助生产。大部分大中型服装企业都会应用CAD/CAM，因为它的效率更高。由于计算机可以精确到小数点后，所以CAD/CAM的精确性很高。同样，计算机可以方便样板的储存，根据硬盘大小一般可存储上千个样板。CAD/CAM的另一个优势是可以快速精确地生产出不同样板种类的复本，并且还能降低浪费。

　　但是，制板师需要对样板开发有坚实的技术理解才能有效地使用CAD/CAM。只有使用这些系统的操作员的技术足够好，CAD/CAM的输出结果才会一样优秀。

　　数字化制板的首要必备条件是计算机、软件、数字化程序（如格柏软件，Gerber Accumark），这样就可以将样板数字化，并将其上传到电脑中。如果需要打印出样板，可上传至绘图仪中。样板可以通过扫描转化为数字文档，但需要仔细检查其准确性，所以这并不是产业中常用的方法。

　　大部分服装设计课程里都会向学生介绍CAD/CAM制作数字化样板的优势。在一些情况下，计算机或许不是制板的最好途径，所以兼具计算机制板知识和手工制板经验是十分重要的。本书的重点是利用传统的工具进行传统的平面制板，但是在第6章中也包含了一些利用计算机软件制板的案例。

左图
玛格丽塔·马佐拉
（Margherita Mazzola）作品
制作样板和把一个创意从二维（2D）
转化为三维（3D）是时装设计师的基本
技能。

14   **专业背景**

什么是样板
制板师的重要性
人体体型与尺寸
人体测量及测量部位
准备工作

制板师的重要性

1

制板师能够将设计意图变成服装成品，是设计和制作过程中的关键角色。制板师依靠其制板技术为生产提供模板（样板），这也是服装制作的起点。许多设计师的设计都来自样板设计，或者至少要做成立体服装来看看设计的效果。例如，擅长立裁的设计师亚历山大·麦昆说："我从人体侧面进行设计，这是人体看起来最糟糕的角度。你可以看到人体最明显的凹凸不平的部分以及背部的S曲线和臀部。通过这种方法我设计剪裁出的比例和廓型能够全方位地贴合人体。"

露丝·福克纳（Ruth Faulkener）

许多设计师都会考虑到三维设计，但很明显你只能画出一些平面的东西，所以制板师的工作就是通过一系列的平面样板，将服装效果图变为现实……对于如何制作更好的产品这个话题展开了十分具有创造性的讨论……全与廓型相关。

样板的立体效果

一件设计作品通常需要从其设计草图中提炼出来。如果是为自己的作品制板，那就容易得多，因为你了解自己想要的效果。如果你要为其他设计师的作品制板，那你就需要去"感受"设计作品，你要去了解它的廓型、比例和衣身平衡，用这种方式去解读设计草图是制作服装的一个关键部分。如果不是你自己设计的作品，那么与设计师的沟通交流可以帮助你深入理解设计师的设计理念。

样板完成并经过样衣试穿以后，制板师还要负责修正并制作出生产用样板，其中包括衬料、扣位和服装其他的相关部位。对于制板学习和应用来说，CAD绘制技术和特定的制板软件是非常重要的。

制板是一种令人尊敬且有成就感的职业。尽管现在许多服装的制板和生产都在国外，但国内制板师的收益也是相当可观的。在设计工作室的等级制度中，制板师明显是被高度重视的。

对制板师杰奎·班赛（Jacquie Bounsall）的采访

个人简介：

在布莱顿大学（Brighton）学习了基础艺术课程之后，我被圣马丁学院录取，学习服装设计和纺织品。毕业后，我成为一名针织品设计师的助理，并与朋友一起经营自己的针织品生意。以现有的服装为基础，我发现针织服装的样板非常令人头疼，所以我进修了伦敦时装学院的制板强化课程。课程非常棒，我收获颇丰。我的第一份制板工作是与设计师阿利·卡佩利诺（Ally Capellino）一起，他一年做两场T台秀。我曾在女装、童装等多个领域工作过，并运用过多种专业面料。我从未停止过学习。我又与另一位设计师一起工作并掌握了泳装样板制作技术，之后便成了一名自由制板师及样板培训师。我依然相当享受将一个设计从二维实现为三维这样一个极富创造性的过程。

你参加过哪些培训？

我获得了伦敦圣马丁学院的服装设计与纺织专业的荣誉学士，我还参加了伦敦时装学院为已在工厂工作过的专业人员开设的六个月的集训课程。

你认为一名制板师所需要的技术和品质是什么？

你需要有耐心，并且对二维图像的阐释需要有很好的水平，你还要具有团队合作的能力。

你的技术主要是在哪儿学的？

我妈妈过去常为我妹妹和我做衣服，很小的时候，我们就开始用裙子样板做自己的衣服。伦敦时装学院的课程教会了我如何去使用工业技术，但我真正学会如何制板是在我的第一份工作中，因为我有一个非常有学问的老板。工艺师对缝制服装的一些方法和技巧也对我有很大的启发。

你认为制作样板最难的环节是什么？

许多人都会画服装效果图，但是将效果图转化为可穿着的服装需要人体工学的知识。无穷无尽的基础原则是可以被打破的，所以我认为理解基础知识是很重要的，如纱向和省道的处理，这样你就知道什么时候可以改变它们。

你采用了什么流程或步骤来成功阐释一件设计作品？

首先，与图稿设计师交流是非常重要的，因为你很容易误解一些东西。设计师在完成最后的设计前一般会做几个星期的研究，所以如果设计师向你展示了设计梗概，就会节省很多时间去更好地理解它。此外，了解选用的面料也非常重要——用不同的面料会导致你绘制的样板的松量不一样。我总是会尽快先做出一件样衣，所用的面料一般是之前服装系列的剩余面料，从中挑选与该设计最接近的面料，并将该样衣在尺寸匹配的模特或人台上试穿。接着我就会和设计师讨论样衣的造型，以确保他们对样衣满意。此时他们就会告诉你，你将其设计作品阐释得正确与否，如果不满意，他们也会告诉你如何修改。

你认为是什么造就了一位成功的制板师？

我前面已经谈到了耐心和眼光，还有就是作为一名制板师应该对变化持开放的态度。一直都会出现新的方法，所以你要不断地去学习。

你认为服装样板会对设计产生影响吗？

当制板师和设计师之间的交流有误，或者在制作样衣阶段，制板师或者设计师发现了更好的处理方法时，服装样板会对其设计产生影响。但是设计想法往往是设计系列中的一部分，他们需要将样板和设计想法连贯起来。

在企业中你们是单独工作还是以团队形式工作？

制板师是团队的一分子。每一个企业的构造是不一样的，但是通常设定的是设计师提供设计理念，制板师在工艺师的帮助下将其理念转化为三维立体服装。

你能为读者提供哪些制板技巧和建议？

在你的样板上要清晰地标注出制板说明

和剪口。不要试着去靠想象服装的样子来节省时间，花时间将其做出来。这样最终总能节省时间，同时也是检验你的技术的机会。

对制板师尼古拉斯·科克伦（Nichola Cochrane）的采访

个人简介：

我在当地大学的制衣专业中得了A，接着，我在时尚专业学习了两年，获得了国家文凭，而后又进一步进行了两年学习，获得了国家高等教育文凭。我毕业于1990年，然后开始工作。我从1990年开始就一直从事制板工作，从助手开始做起，最终成为一名高级创意服装制板师。我在各级都工作过，从设计师到供应商，涉及高街品牌的各个层面。我刚开始是以手工平面制板，但现在主要是用电脑制图。

你能简短地描述一下在工作室和行业环境中制板师发挥的作用有何不同吗？

制板师的工作是将二维效果图转变为三维真实服装。制板师以手工或电脑制图的方式，通过平裁、立裁或调整原型以得到需要的造型。制板师必须具备良好的团队协作能力，因为他们需要与设计师及生产部门合作。在工作室里，每款衣服从最初的设计概念到成衣生产，他们都要负责。在某些地方，有创意制板师和生产制板师之分。创意制板师只需要负责制作第一版样板，生产制板师会将这些款式归入公司的基础原型中，以备后续设计出想要的造型和合体度。

什么样的培训使得你成为一名制板师？

我在时尚专业获得了国家文凭和国家高等教育文凭，它的课程有很强的技术性。

你认为一名制板师所需要的技术和品质是什么？

可能和设计师一样。你需要对设计、比例等有较好的眼光，还要有可以根据效果图想象成衣效果的能力。你还需要掌握扎实的服装结构知识和工艺知识。

你的大部分技术是从哪里学习的？

在大学里你能学习到的东西是有限的，许多西是我与经验丰富的制板师一起在工作的过程中到的。一个优秀的制板师从不停止学习。得到同一个造型效果有太多不同的途径和方法了。

你能解释一下数字化制板和手工制板的区别吗？

数字化制板是用电脑专业制板软件完成的。工制板是在桌上，用纸、铅笔、剪刀进行的平面程，多数采用原型样板，或者在人台上用面料进立体剪裁得到样板。

你认为制作样板最难的环节是什么？

大概是让设计师、生产商和买手都满意。设师在意的是美感，其他人则考虑成本。制板师是间角色，需要协调一切问题。

你采用了什么流程或步骤来成功阐释一件设作品？

你必须与设计师详细讨论整个设计，确保解每个细节。这是一个双向交流的过程。讨论的程中问题会浮现出来，这些可以在开始制板之前行讨论并希望在此时解决。初板完成后需要制样衣，通常会选用与最终的面料相似但更便宜的料，然后再与设计师一起讨论试穿效果。接着进步调整样板，最后用面料制作第一次样衣。

你认为是什么造就了一位成功的制板师？

制板师应富有创造力，精通服装结构知识和剪技术，会使用电脑（为制板编程）以及擅长数也是很有用的。

你认为样板应该或者可以影响设计吗？

那取决于设计师和他们的背景。有一些设计了解服装结构——比如省道的必要，有一些则不解。一位设计师曾经对我说过："设计师就跟制师一样。"

在企业中，开发新系列时你是单独工作还是团队形式工作？

总是在团队中工作。如果你单打独斗那会是

个非常孤独的工作环境。

你能描述在设计室和在批量生产企业工作的主要区别吗?

其中一个主要区别是被允许在一个款式上花费时间。在设计工作室,设计偏复杂,使用的面料更昂贵,所以要花时间确保每个环节都没问题。在这种设计环境下你可以发挥更大的创造力,因为你有时间去好好完善。

你认为服装制板发生了哪些变化以及在未来会发生哪些变化?

在我的工作经历中发生的最大变化是电脑。

它不一定会加快最初的设计或者第一次样衣的制作过程(有时它耗时更长),但它确实能够加快生产速度。除此之外,从前是没有买手的。有时候他们可以在设计和生产开发中产生很大影响。这在设计工作室中不一定是好事,因为买手们关注的是利润而不是设计。3D裁剪技术的引入不是很遥远的事了。它已经开始被使用,只是还没有广泛地应用于产业。

你能为读者提供哪些制板技巧?

保持开放的心态,你并不是什么都知道,所以什么都去试一试。也许没什么用但你总会学到点什么。

人体体型与尺寸

人体测量学

人体测量学 Anthropometry, 希腊语中antro代表"人"metron代表"测量", 随着对人类体型进行系统描述所引发的兴趣, 在19世纪中期人体测量发展成了一门学科。基本的人体测量尺寸包括比例, 如上臂和下臂的比例、宽度和长度的比例。

  几个世纪以来, 由于人们健康与营养的改变, 以及西方生活方式的引入和种族的混合等原因, 人体体型发生了很大的变化。以前的裁缝师傅用几种很明显的体型类别来将人体体型区分开来, 然后根据这几类体型对样板做出相应的调整。19世纪, 在欧洲和其他地方用照片来获取人体体型轮廓, 这种方法使得人们能更好地了解人体特征。如今裁剪艺术已变成了一门学科, 并发展出了绘制人体体型的新方法。

体型的改变

  20世纪末到21世纪初, 女性对体型和尺寸的观念发生了很大的变化, 这种改变一般都与文化变化有关, 尤其是时尚占据主导地位的西方世界。下面按时间线综述一些理想体型。

人体测量体系

  生产所需的人体尺寸项目越来越多, 人体测量就变得越来越复杂, 可以采用多种测量方法。由此产生了一些专利, 例如, 麦克道尔 (McDowell) 用于服装制板的可调节样板。在19世纪中期, 人体测量已变得很完善, 可按人体对称部位进行记录, 并确定局部细节, 如袖山顶点和臂下点。

  主要的测量方法有分割测量 (按比例分割主要的测量部位) 和直接测量 (在人体上做标记点, 并连接各点), 或是结合这两种方法。在数学和人体测量体系中, 测量原则是多种多样的。

1890~1910年
英王爱德华 (Edwardian) 时代的美女是体态丰满、纤纤细腰, 属于典型的沙漏体型。

20世纪20年代
爵士音乐时代让女人们从紧身胸衣中解脱出来, 服装为身体提供了更大的活动空间。简洁的男孩风格廓型在当时很时尚。

20世纪30年代
乌托邦式、运动式和无污染式的生活方式使健康、偏瘦的体型成为理想体型。

20世纪40年代
在"二战"时期, 贝蒂·格拉布尔 (Betty Grable) 是非常受欢迎的海报女郎, 她的身材比例很协调。这也许反映了战争年代的社会传统价值观和保守主义。

三维人体扫描

不需要卷尺，计算机能够进行三维人体测量。通过三维扫描能得到关键的人体尺寸数据，所以这种个体测量服务可应用于个性化的样板定制。

样板放缩

1828年，纪尧姆·孔潘（Guillaume Compaing）发明了分度尺，这有利于制作不同规格尺寸的样板，结合新的人体扫描技术可进行样板放缩。现在样板放缩的工作，主要利用计算机来完成，但是仍然有一些技术娴熟的推板师习惯手工完成。

安妮·克莱因（Anne Klein）

服装不会改变世界，但穿着服装的女人将会改变世界。

20世纪50年代
玛丽莲·梦露（Marilyn Monroe）是曲线型身材的典型代表，反映了当时"家庭女性（Domesticity）"和"迷人、极富魅力（Glamour）"的流行风格。

20世纪60年代
中性风格在民权运动和女权主义浪潮时期非常流行，比如崔姬（Twiggy）和米娅·法罗（Mia Farrow）的风格（如图）。

20世纪70年代
丰满的身材在性解放的年代变得很流行，如法拉·福塞特（Farah Fawcett）（法拉及其同伴霹雳娇娃）。

20世纪80年代
健身运动的爆发式流行把力量和性感带入女性形象当中。布里吉特·尼尔森（Brigitte Nielsen）是那个年代很乐意展现自己身材的众多女演员之一。

20世纪90年代及以后
凯特·莫斯（Kate Moss）和"超模"们体现了全球化的理念。关于模特体型的问题现在仍然存在争议。

1

塑型与立裁

　　也可以通过"塑型与立裁"技术在人台上制板。关于这种方法有不少优秀的书籍可以参考。

人台

　　人台反映了特定时代流行的体型以及时尚：

　　在20世纪20年代，直线型廓型需要胸部平坦且躯干呈直线形的人台，20世纪50年代的人台反映出了时下强调身体曲线的沙漏形状的体型。制板师用人台来试衣及立体剪裁，检查服装比例和整个设计的方方面面，包括衣身平衡和服装穿着于人体时的悬垂效果。有许多不同体型、比例和尺寸的人台，有一些内衣或外套专用人台，还有专门针对不同的市场和年龄层的人台。

设计实验室人台

　　Design–Surgery®人台是由具有30年与设计师和学生工作经验的人士为设计师和学生设计的，他们亲身体验了当今行业现有人台的不足之处。

　　每个人台都被设计成在解剖学上更准确，与当下的人体身材更接近的样式，并且已经开发出可以为设计师和学生提供更多信息的人台，以帮助他们在人台上试衣时判断比例和款式线，特别是贴身的服装。

　　可拆卸的肩部和手臂等实用功能是比较独特的，可拆卸的腿部也是如此，这使那些难操作的

部位试衣更加容易。

　　人台的制造贯彻了可持续和道德生产的精神。躯干采用统方式由再生材料手工制成，型稳定的底座是由金属制成，在其使用寿命结束时回收利用。

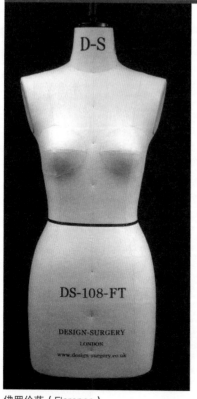

佛罗伦萨（Florence）：
基本标准人台

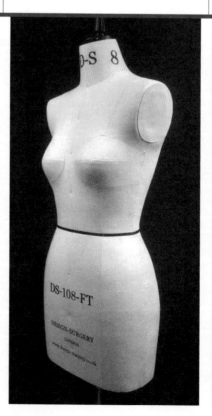

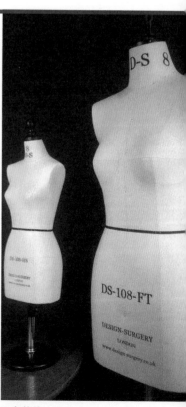

瓦奥莱特（Violet）：
基本标准人台和1/4比例复制品

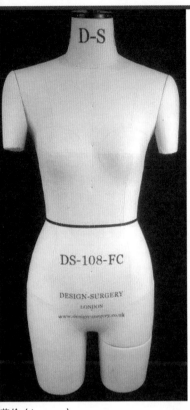 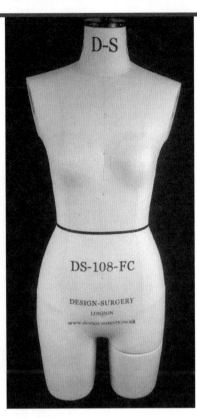 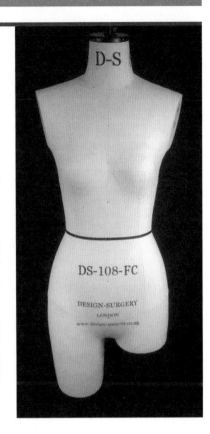

劳伦（Lauren）：
具有可拆卸的手臂和大腿的人台，这使难以操作的部位试衣更加简单

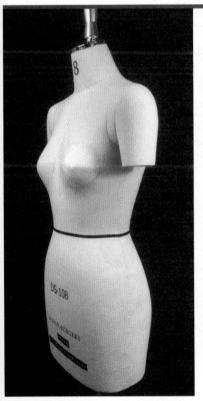 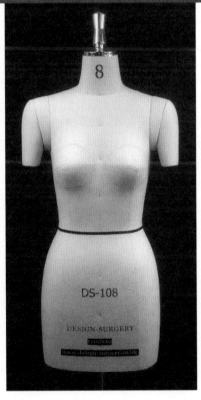 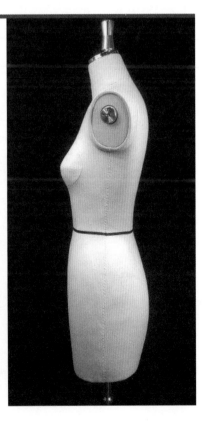

温迪（Wendy）：
标准人台，肩部长度可调，可拆卸上臂

人体测量及测量部位

1

有很多方法可以用来制作原型样板，这些原型样板都需要基本的人体尺寸，方法都很类似。在服装生产中，原型样板是按标准规格来制作的，英国的标准规格通常是12号（美国是8号），虽然使用的都是相似的测量系统，不同的国家有不同的标准人体规格。

设计师总是有他们自己特定的一套测量方法与人体相适应，没有把标准规格应用于个性化设计中。

用卷尺测量人体尺寸，在使用原型制板前将人体尺寸与服装尺寸相对比，这样有助于设定服装大小、比例和维持设计的平衡。

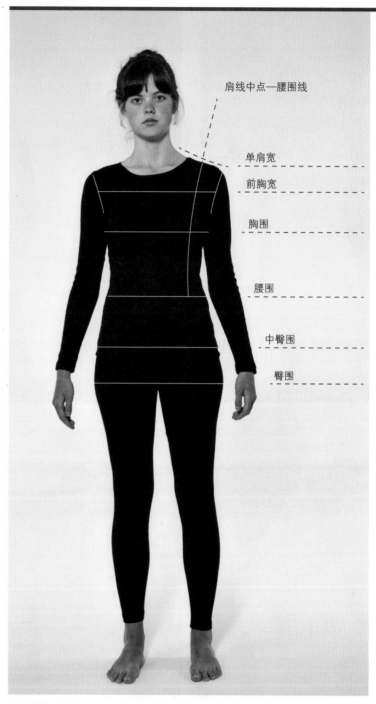

肩线中点—腰围线

单肩宽

前胸宽

胸围

腰围

中臀围

臀围

人体测量正面图

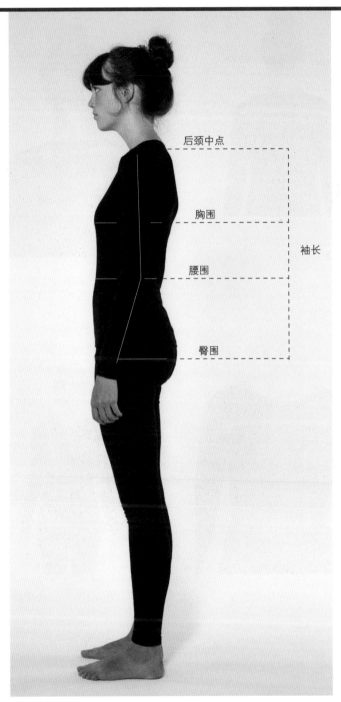

后颈中点

胸围

腰围

袖长

臀围

人体测量侧面图

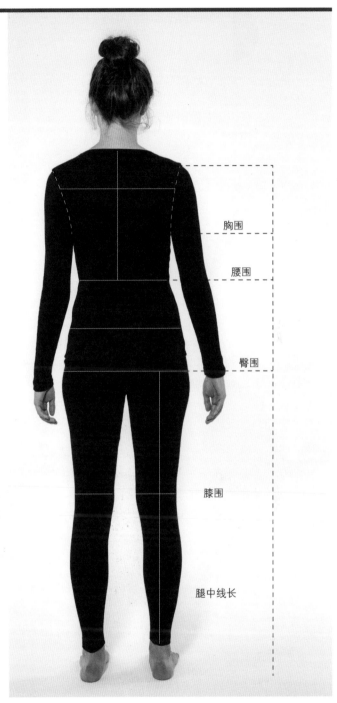

胸围

腰围

臀围

膝围

腿中线长

人体测量背面图

1

衣身原型所需测量的尺寸
以下为测量部位：

自然腰围线

　　测量时，在人体自然腰围线处绑上细带或绸带以作标记，这样便于测量。

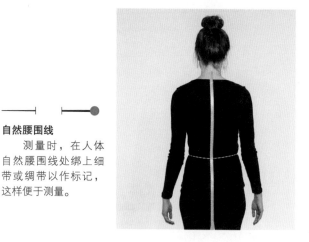

· 后中心线（CB）：后颈中点（脖颈弯曲的底部）至腰围线（细带的位置）的距离。

· 后背宽：在后颈中点向下 10cm 处测量后背两腋窝点之间的宽度。

· 肩宽：一侧肩端点（SP）至另一侧肩端点（SP）之间的宽度。

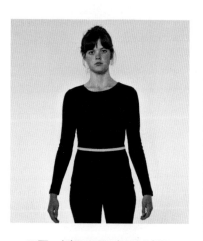

· 腰围：测量腰围时不宜过紧。

· 前胸宽：在肩线至胸围线 1/2 处测量两个前腋窝点之间的宽度，使得当前臂运动时不会受限。

· 前腰节长（CS）：经过胸部至腰围线的距离。
· 后腰节长（CS）：经过肩胛骨至腰围线的距离。

　　有时也需要测量其他部位的一些尺寸，例如，对于合体的露肩上衣，需要测量上胸围线和下胸围线。

· 胸围：保持卷尺水平并经过胸点（BP）。

衣袖原型所需测量尺寸

以下为测量部位：

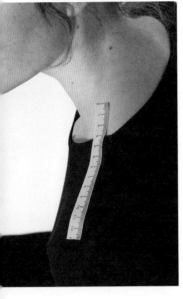

单肩宽：从侧颈点到肩端点的直线距离。

后颈点一肘点一手腕：保持手臂微微弯曲，从后颈中点开始，斜向经过背部至肘点再至手腕。

· 肩端点一肘点一手腕：保持手臂微微弯曲，从肩端点开始，斜向经过肘点再至手腕。

· 臂根围：卷尺绕臂根一周的围度，卷尺要稍微向上一些将臂根完全围住。

· 肘围：手臂微微弯曲，卷尺绕手肘一周的围度。

· 腕围（绕腕骨水平围量一周）：测量时不要太紧，因为当手臂上抬时袖口会上移。

　　其他测量尺寸：制作合体袖就要测量手肘上、下围度。

1

裙原型所需测量尺寸

以下为测量部位：

· 腰围（同衣身原型）

· 中臀围：臀围和腰围之间的水平围度，从人体侧面腰围线下落15cm处围量。

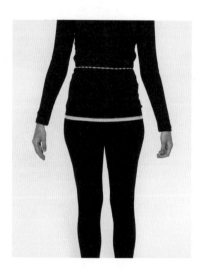

· 臀围：臀部的水平围度，从人体侧面腰围线下落21~22cm处围量。

· 腰围至膝围：从人体侧面腰围线至膝围线的长度。

当为个体制作原型样板时，如果该人体的大腿部分比臀部还丰满，则需测量大腿的围度。

裤原型所需测量尺寸

以下为测量部位：

· 腰围（同衣身原型）
· 臀围（同裙原型）
· 中臀围（同裙原型）

· 腿外侧长
· 腿内侧长

· 上裆长：重要的尺寸，人在坐姿时从腰围至臀部水平面的长度。

注：用直尺、三角板或硬钢尺从人体侧面测量。

制作高腰裤或高腰裙时，应从腰围线以上处测量。制作低腰裤或低腰裙时，则应根据需要从腰围线以下处测量。

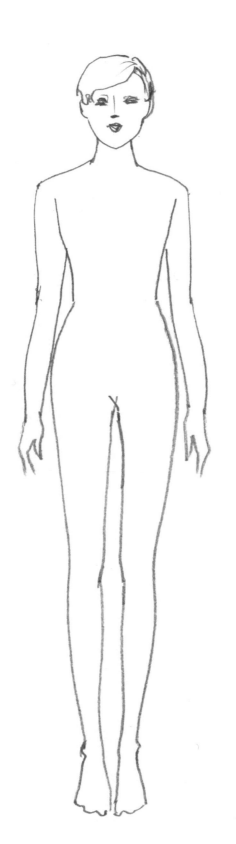

利用这幅人体图的轮廓线来
辅助测量。

1

尺寸表

生产商一般会为设计师提供他们自己所有的尺寸表，这里所给出的尺寸表能很好地说明人体尺寸是如何转化成原型的。

厘米(cm)与英寸(in)的换算表参见226页。

英国女性尺寸表（公制）

型号	8	10
身高	157.2	159.6
胸围	80	84
下胸围	61	66
腰围	60	64
臀围	87	90.5
中臀围	79.5	84
单肩宽	11.5	11.7
颈围	34	35
后腰节长	38.8	40.4
后背宽	31.8	32
前胸宽	28	29.8
袖长	56.2	57.1
内臂长	42.8	43.1
臂根围（袖窿长）	38.6	40.6
上臂围（袖肥）	22.9	24.7
腕围	15	15.2
肘围	21.9	23.7
腰围—膝围（CB）	61	61
腰围—踝围（CB）	94	94
后颈点高	136	138
腿外侧长	99	100.5
腿内侧长	74	74
上裆	26.8	27.9

英国型号与其他国家型号换算表

英国	6	8
美国	2	4
西班牙 / 法国	34	36
意大利	38	40
德国	32	34
日本	3	5

单位：cm

12	14	16
162	164.4	166.8
88	93	96
71	76	81
68	73	76
95	99.5	102
89	94	96
11.9	12.1	12.3
36	37	38
41	41.6	42.2
33	34.2	35.6
31	32.2	33.4
58	58.9	59.8
43.5	43.9	44.3
42.6	44.6	46.6
26.5	28.3	30.1
16	16.6	17.6
25.5	27.3	29.1
61.5	61.5	61.5
95	95	95
140	142	144
102	103.5	105
74.5	74.5	75
29	30.1	31.2

10	12	14	16	18	20	22
6	8	10	12	14	16	18
38	40	42	44	46	48	50
42	44	46	48	50	52	54
36	38	40	42	44	46	48
7	9	11	13	15	17	19

准备工作

1

制作样板需要很多专业工具，在这儿所列出的都是很容易得到的。有经验的制板师能够徒手画弧线，因为他们心里很清楚哪个部位该画弧线，但是绘制工具能够帮助制板师得到更理想的效果。原模制板尺是很必要的工具，它不仅能画直线还能画弧线，且有平行的刻度线，在画弧线的一边是按5mm和1cm水平平行间隔增加的，这样就能很方便快捷地在弧线处画出缝份量，并且还有90°和45°的角度能够画直角线和斜纹标记。

开始制图时，一套基本工具是必备的，并可根据自己的需求增加其他工具。

基本工具

以下为测量工具：
1. 原模制板尺（公制）
2. 法国曲线尺
3. 卷尺
4. 滚轮
5. 钻孔器
6. 剪口器
7. 锥子
8. 剪纸剪刀
9. 裁剪剪刀
10. 大头针
11. 划粉
12. 短直尺
13. 手剪

其他有用的工具

- 金属长直尺
- 放码尺
- 画臀部和领部的曲线尺
- 三角板
- 样板打孔机
- 样板挂钩（可用于大、小样板）
- 大号裁剪垫
- 胶带、魔术贴和百特贴
- 拆线器
- 柳叶刀
- 制板纸和卡纸
- H和HB铅笔、卷笔刀、皮擦和一些常规的彩色笔

纳西索·罗德里格斯（Narciso Rodriguez）

我所做的是在服装结构和面料上进行创作。虽然在我的作品中不会直接引用建筑设计，但是我设计服装的方法和建筑设计师的设计方法在很大程度上是一致的。

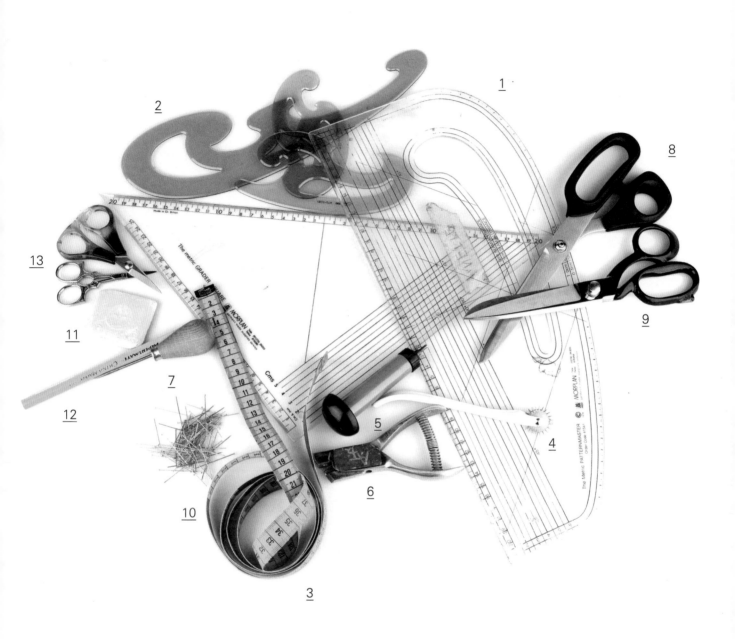

1

工具的用途

1. 原模制板尺

这是一种透明的集多种功能于一体的尺子，有直尺、小间距的刻度、画直角线的90°和画斜纹线的45°，以及各种内外曲线，便于画袖窿、领口、臀部、底边等曲线。原模制板尺的水平平行线的间隔量为5mm和1cm，用于画直线或是曲线边的缝份量。

2. 法国曲线尺

如果没有其他的专业曲线尺，那法国曲线尺是一个很好的替代品，因为用它能画出多种多样、弧度大小不等的弧线，包括领口线、袖窿弧线、领子、袖克夫和一般的弧线。

3. 卷尺

卷尺在测量时能够弯曲，是准确测量弧线的必备工具（可以利用卷尺上的任意一段测量A—B的距离）。它可以测量人体、人台和样板上的任一直线和弧线的长度。

4. 滚轮

这个工具可将样板拷贝转移到另一张纸或卡纸上。用滚轮沿着样板的轮廓线推动，就可在样板下面垫着的另一张纸上留下滚轮的印记。这个工具对修正样板合体性很重要。

5. 钻孔器

钻孔器也称为"蘑菇"。钻头的尺寸有4mm和6mm，它可以在样板的某些位置钻很小的孔作为标记，如省尖、缝纫终点、需要剪开的部位、口袋、扣子和扣眼的位置。

6. 剪口器

剪口器能在样板上剪出U型或V型的标记（形状）以表明缝份量和对位剪口，在面料上剪的剪口不要太长，最多不要超过4mm。

7. 锥子

锥子可以在被钻孔器钻孔的面料上标记出样片信息。由于其末端不是很锋利，所以它只是将丝缕分离。在其他时候也可以用到它，如省道转移、样板旋转以及标记长线条（如前中心线、后中心线和袖长）。

8、9. 剪纸剪刀和裁剪剪刀

最好有一把长的剪纸剪刀，用来剪长而顺滑的线条。卡纸剪刀通常较短，它的刀口有锯齿，以夹紧纸片。在使用时要避免把裁剪剪刀当剪纸剪刀用，因为裁剪剪刀剪纸后会变钝。裁剪剪刀要有一些重量，并且手柄使用起来要很舒适。裁剪剪刀至少要有25cm长，剪刀刀口可以被磨得很锋利，但是必要时（剪刀刀口很钝时）去买把新的更为方便。

10. 大头针

大头针可以将样板连接为体，可以将样板与面料固定在起，也可以将样板与人台固定一起。

11. 划粉（或是细棉织带/用可移细带）

用划粉尖的一端将样板的廓拷贝画到衣片上，并标记出尖、口袋等位置。可经常用剪将划粉削尖，以使划粉画线不会粗，并可为制板师节省很多时间。

细棉织带可替代铅笔和笔，在样板或白坯布上标记款线。将细棉织带用大头针固定你想要的部位，并退后几步观所标记的线。由于细棉织带是移动的，所以可以对该标记线行调节。专业的标记带是黑白纹的，并且可以再利用。

12. 金属短直尺

金属短直尺有利于平稳地短直线，并可辅助柳叶刀裁切线条。

13. 手剪

手剪很小，它用于剪线头小片面料。

长直尺

钢尺比塑料尺和木尺更好，因为钢尺不会弯曲。长直尺的用途很多，如画连衣裙、大衣和裤子的长线条（所画线条比原模制板尺长）。它可以用来测量面料，还能将横放在桌上的面料铺平整，并可辅助剪刀剪长线条。

放码尺

放码尺有宽度递增的刻度，可按不同宽度的刻度上下移动，这样有利于改变样板的尺寸大小。通常只是在样板完成后才会用到它，但它可以替代原模制板尺画缝迹线。

画臀部和领部的曲线尺

当画臀部、领部和底边曲线时要用长的曲线尺，特别是在裁剪中非常有用。

三角板

三角板与原模制板尺的用途相似，但不能画弧线，只是用于画角度。

样板打孔机和样板挂钩

为了匹配样板挂钩，用打孔机打出中等大小的孔，然后用线将所有的样板穿在一起，再挂起来。

裁剪垫

剪开时，裁剪垫不仅能对桌面起保护作用，还可以避免剪刀变钝。

胶带、魔术贴和百特贴

胶带用于将样板黏合在一起，并将其穿在人台上进行检查。胶带很容易撕掉，在修正合体性时它还可以当作一小块棉布使用。魔术贴是隐形的，耐磨性好，并可在其上面涂画或书写。百特贴可以辅助将样板连接在一起，而且在其胶干之前可以重新定位。

拆线器和柳叶刀

拆线器的一端是尖的，可以拆掉面料间的缝线而不会破损面料，但是这种工具易滑动不安全。柳叶刀也可以用于拆线，但是用柳叶刀拆线一定要仔细。它还可以沿着压在裁剪垫上的尺子进行裁剪。注：如果缝线不是很紧，可以通过拉断、拆散丝缕来拆掉缝线——样衣缝纫工经常采用这种方法。

制板纸和卡纸

制板纸和卡纸的重量不一样，制板时要选择适合重量的纸。太薄的纸容易破损，太厚的纸不易弯折。我一般选择的是白纸，而不会选择点状纸和方格纸。因为方格纸会干扰样板的视觉效果，引起误导。对纸张的选择也完全取决于个人喜好和实用性。

铅笔和其他的文具用品

好的铅笔的笔头要够细够尖，比如H型铅笔。在纸板上，尤其在人台上试验画款式线时最好用软质铅笔，如HB或者B型铅笔。开始时，你不必用力去标记，在修正后可以用削好的铅笔再画一遍。随后再用标记笔将重要的区域标出来。软质的橡皮擦是最好的，因为擦拭时不会弄损面料。

2

样板设计基础

　　本章节主要介绍原型是如何从三维转化为二维的。其中阐述的一个重点基础知识是——胸省位置的识别和转移。在裙装和袖子的章节中，介绍了增加展开量和体积感的基本方法。只要理解了这些基本原则，就可以绘制出很多更复杂、更有创意的样板。

36 样板设计基础 从三维到二维的基础原型
省道设计
合体分割线和展开量的控制
复杂款式线
增加展开量
增加体积感

从三维到二维的基础原型

利用测量所得的人体尺寸来绘制的二维模板叫作原型，它用最简单的平面形式来表示人体体型。这种原型被称为基础原型，因为随着时间的推移，设计师或厂家会在其基础上创造出更为复杂的样板，这种可以被再创造的成功样板就可以称为原型，继而由此发展出一系列季节性服装。

原型

原型通常是用卡纸或塑料薄板制成的，在准备制板时可以快速地拷贝。

省道

原型运用省道来塑造胸部、肩部和臀部的造型，并可以减少腰部的尺寸。

没有省道的原型是将省量分散到衣片中，这种服装不会紧身，除非采用有弹性的面料，斜裁可以使得服装在胸围处有伸展量。

合体性

原型有放松量，这说明原型尺寸比标准尺寸大，这样就保证了服装的运动性和舒适性。

当依据原型而绘制样板时，应该考虑其合体性，并据此做出相应的调节，根据需要将侧缝往外或往里调整。

裙子原型

这些图都是用威尼弗雷德·奥尔德里奇原型绘制的，当然还有其他可选择的原型绘制方法。

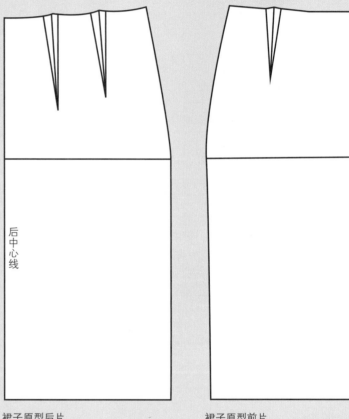

后中心线　　　　　　　前中心线

裙子原型后片　　　　　裙子原型前片

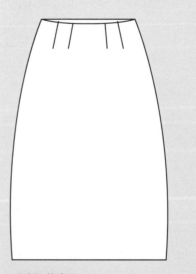 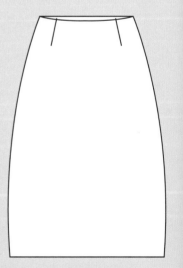

直身裙款式图

衣身原型

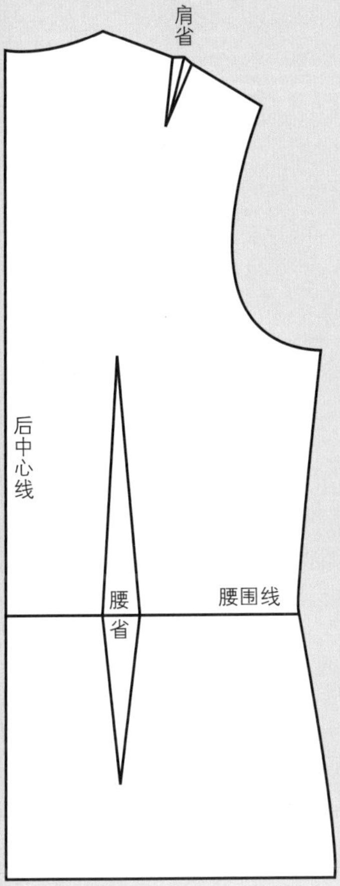

袖子原型

一半原则

原型只需制作人体的一半造型，因为在绘制原型样板时人体是对称的。袖片则是整片，是因为考虑到袖子的前后不一样。

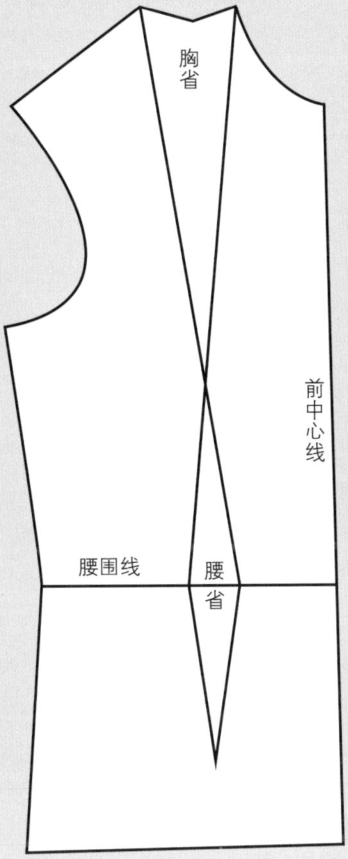

肩省

胸省

后中心线

前中心线

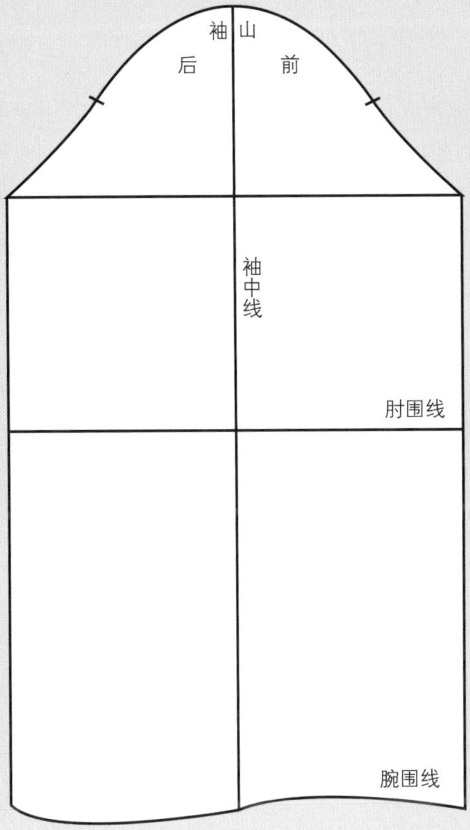

袖山

后 前

袖中线

肘围线

腰围线

腰省

腰围线

腰省

腕围线

衣身原型后片

衣身原型前片

基本轴原型

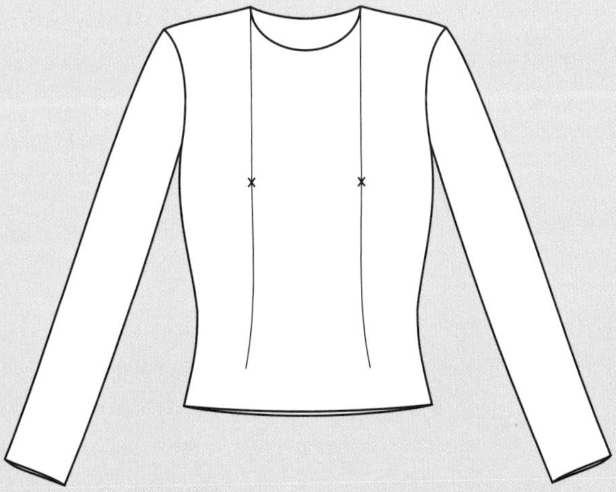

衣身和袖子原型款式图

38　　样板设计基础　　从三维到二维的基础原型
省道设计
合体分割线和展开量的控制
复杂款式线
增加展开量
增加体积感

省道设计

2

在制板时需要考虑胸省，因为胸省会影响胸部的造型。在许多款式中，胸省会转移到侧缝中，这样是最隐蔽的方法，胸省会被手臂遮挡起来。理解了省道的基本原理，就很容易将省道融入设计中，甚至省道会成为设计特点。对服装进行解构，如将省道设计于显眼位置，露出胸省及其他省道，并将其作为设计的整体部分。

胸省

胸省的5个省位都指向衣片边缘，并且它们不会改变原型的基本特征。不管胸省怎么转移，前中心线、后中心线和腰围线的位置都要保持不变。如果将胸省转移到前中心线处，前中心线就会被改变，那么就需要将前中心线缩缝。

胸省的5个基本位置：肩中线、领口、侧缝、腰围线和袖窿（不包括前中心线）。图示说明参见39页。

沿着省道线折叠，使省道折叠在面料下面。

胸省转移

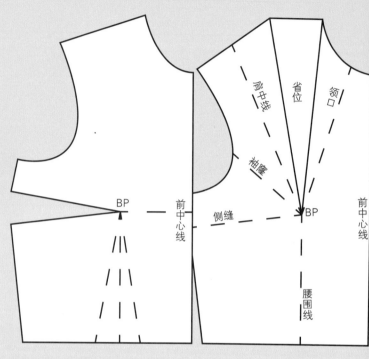

从BP到前中心线的剪开线　　　胸省的5个基本位置

分步讲解

1.拷贝衣片原型前片到腰围或到服装的长度位置，在拷贝样板上标记出所有相关的信息，确认已标记好的腰围线。

2.标出新的省位，并与BP点用直线连接。

3.沿新的省位直线从边缘剪到BP点，闭合将要转移的省道，这样原来的省道量就转移到新的省道线上，或是将省道旋转到新定的省位线上。当完全理解省道转移技巧，并尝试过剪开与闭合的方法后，直接采用旋转法会非常好用。

4.重新拷贝省道转移后的衣片，确认所有的信息都被完整拷贝过来。请参见39页的图表。

省的5个基本位置

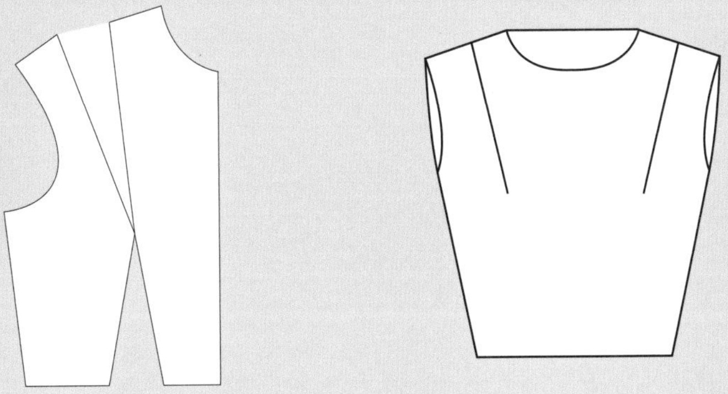

肩中线

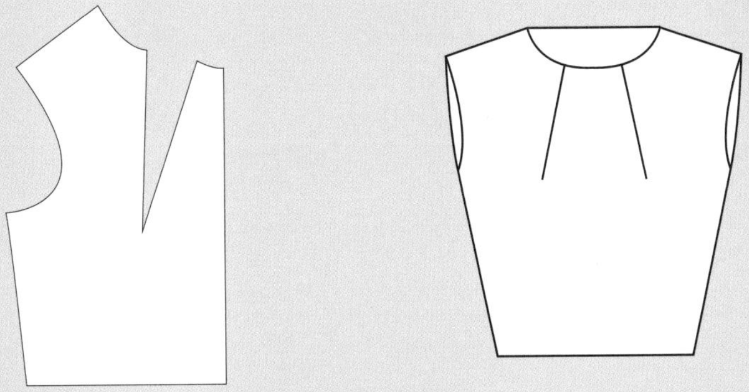

领口

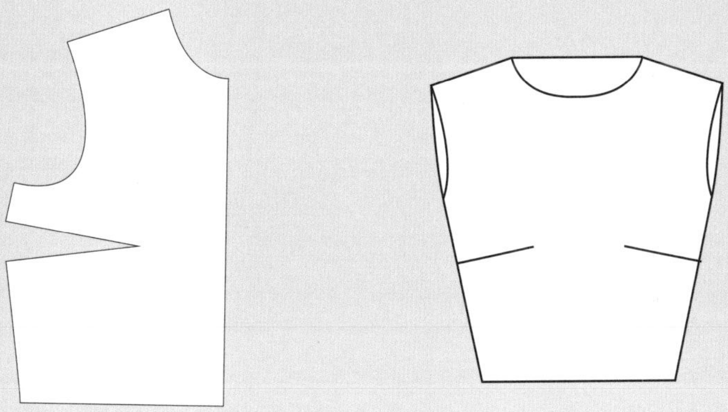

侧缝

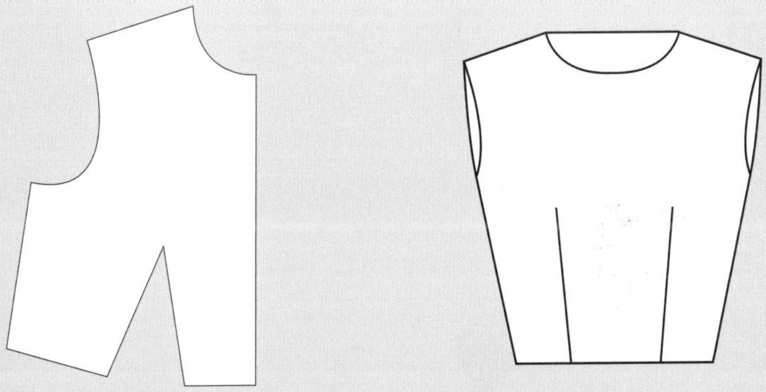

底边或袖隆

袖隆

40   样板设计基础   从三维到二维的基础原型
省道设计
合体分割线和展开量的控制
复杂款式线
增加展开量
增加体积感

2

用胸、腰省做抽褶

在有省道设计的服装中，可以把简单的抽褶作为一个设计特点。通常会运用到胸省和腰省上，如以下几个例子。这些例子在设计中经常出现，这就是设计师利用自身技术知识的优势，运用旋转法和剪切法都能达到这种效果，可将省道从原型上的位置转移到预设的褶的位置。

前中心线处抽褶
（将省道转移到前中心线处）

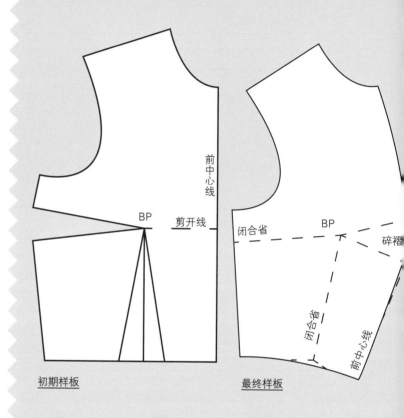

BP   剪开线   前中心线

闭合省   BP   碎褶

闭合省   前中心线

初期样板   最终样板

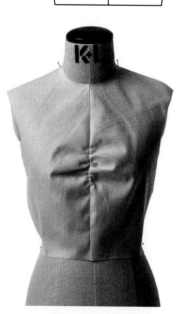

分步讲解

准备

拷贝衣身原型，标记好所有相关的省道。沿BP点作一条垂直于前中心线的直线，再剪开衣身。

1.沿着新画的这条线剪开到BP点，将胸腰省转移到前中心线。

旋转法：以BP点为中心旋转。标记出新作的直线与前中心线的交点，以BP点为圆心旋转闭合胸腰省。先闭合腰省保持前中心线下半部分稳定后，再闭合胸省。

2.原有的前中心线被改变，那么需要将前中心线缩缝。在预设褶的新省位处用弧线将其画顺。

领口抽褶
（将省道转移到领口线处）

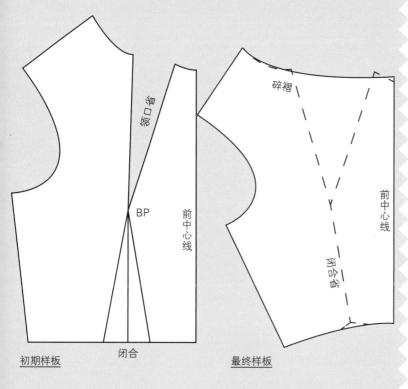

领口省

BP

前中心线

初期样板   闭合

碎褶

闭合省道

前中心线

最终样板

分步讲解

准备

拷贝衣身原型，标记好所有相关的省道，再剪开衣身。

1.从领口线上画一条直线经过BP点，沿这条线剪开到BP点。闭合胸腰省，打开领口线。

2.原有的领口线被改变，重新画一条新的曲线与前中心线垂直，这样就会修掉原有的一点领口线，故要控制好抽摺量以确保正确的领口尺寸。

42   样板设计基础   从三维到二维的基础原型
省道设计
合体分割线和展开量的控制
复杂款式线
增加展开量
增加体积感

2

将省道应用于设计中

省道能以多种形式出现在服装设计中，并作为一个设计特点，这里举三个例子，也许可以激发你的设计灵感。

菱形镶嵌式

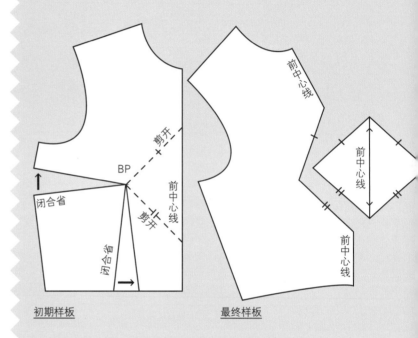

初期样板　　　　　　　　最终样板

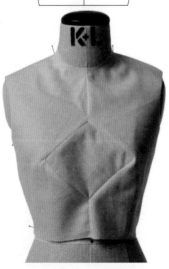

分步讲解

1.拷贝衣身原型，此原型的胸省在侧缝线处。这里最初使用的原型样板都是一半。

2.从前中心线画两条斜线到BP点形成1/2菱形块。过BP点作前中心线的垂线，标出与前中心线相交的点，可以在该点的上方和下方等距地确定新的斜线。

3.在这两条线上标出对位点后，将其剪开并与衣身分离。在另一张对折的纸上拷贝该插片，使之成为一整片，并将所有信息转移到新的样板上。

4.闭合胸腰省——将省道转移到菱形分割处。

前中心线省道和插片

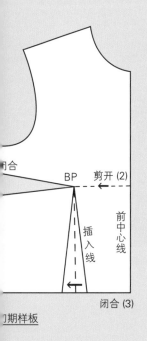

闭合

BP　剪开 (2)

插入线

前中心线

闭合 (3)

初期样板

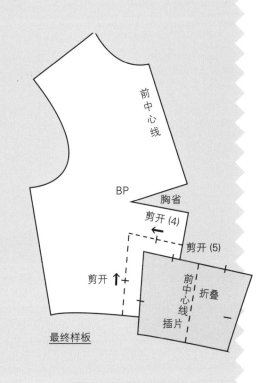

前中心线

BP　胸省

剪开 (4)

剪开 (5)

剪开

前中心线 折叠

插片

最终样板

分步讲解

1.拷贝衣身原型，胸省在侧缝线处，标记好相关信息。

2.从BP点作一条到前中心线的垂线，这是转移新省道的位置。沿着这条线剪开至BP点。

3.闭合腰省，将该省道线作为插片的一条边。

4.在新省道下几厘米处作一条与前中心线垂直的直线。

5.在分割线处标出对位点，剪下插片。将剪下的插片的前中心线置于折叠的纸上，使该插片成一整片。最后标记出所有的信息。

6.样板完成后，胸省转移到前中心线处，腰省转移到插片的分割线中。

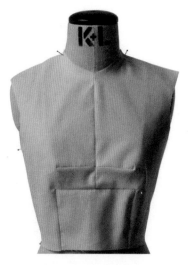

省道设计
合体分割线和展开量的控制
复杂款式线
增加展开量
增加体积感

2

不对称的弧线省

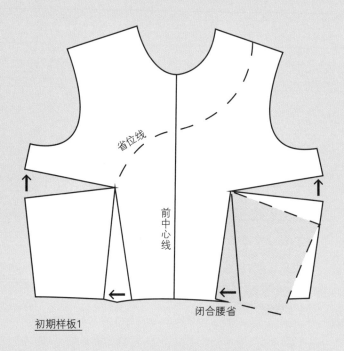

初期样板1

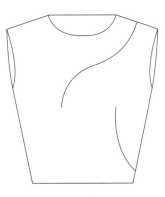

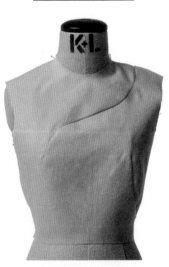

分步讲解

1.拷贝衣身原型，胸省在侧缝线处。将前中心线置于对折的纸上以得到如图所示的整体前衣身。用滚轮将所有相关信息拷贝到对折的双层纸上，要保证该纸下面一层有滚轮印记。然后展开双层纸，将滚轮印连成线。

2.从肩线到BP点画上部的款式线，在样板上要将这条穿过前中心线的曲线画圆顺。可以将样板放在人台上来画这条款式线，并用标记带标记出来，然后再将其转为二维曲线；还可以直接在二维平面样板上画出此曲线。

3.沿着这条曲线剪到BP点，先将腰省转移到侧缝省中，这样腰省就能全部转移到款式线处。

4.另一侧款式线的省是胸腰省转移而来的，先是将腰省转移到侧缝省，这样侧缝省的量就增大了。

5.在侧缝省靠下端的位置画一条曲线到BP点，可以在人台上画也可以直接在平面样板上画。

6.沿这条曲线剪开，再闭合侧缝省，将侧缝省转移到这条款式线中，这样就完成了制板。可参见初期样板2（参见45页）。

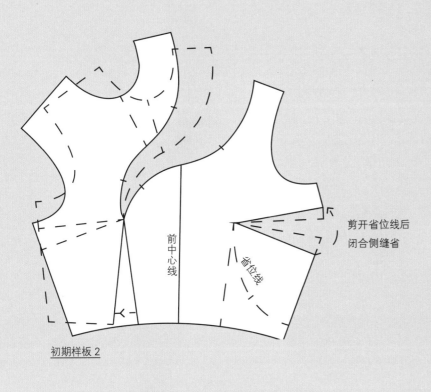

剪开省位线后
闭合侧缝省

前中心线

省位线

初期样板 2

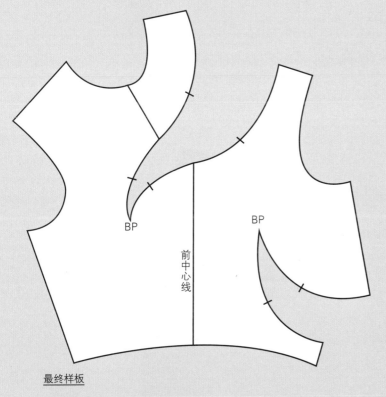

BP

BP

前中心线

最终样板

46   **样板设计基础**   从三维到二维的基础原型
                                    省道设计
                                    合体分割线和展开量的控制
                                    复杂款式线
                                    增加展开量
                                    增加体积感

疑难解答

在一些服装设计中没有省道——服装表面并没有可见的省道线或抽褶。看起来服装使用的是无省道的原型。原型实际上是有省道的，但是可以将其转移分散，而不是将其捏合后缝合。第47页的例子解释说明了省道去哪儿了，并且指出没有省道可能会引起的问题。

问题

- 无袖服装袖窿处的面料会浮起。
- 面料在胸点处被撑住。
- 底边处有过多的松量。
- 侧缝的位置被改变，有时侧缝向前偏移，有时侧缝向后偏移。

解决办法

- 利用斜截面料，斜料的弹性可以减少拖拽。
- 用带有少量弹力纱线的面料。
- 无袖服装可以在袖窿处加边饰或贴边，以收缩袖窿弧线，或者将贴边稍稍减小点（减少量要根据面料的弹性而定，为2~5mm）。
- 调整和重新平衡衣身，重新绘出侧缝线。

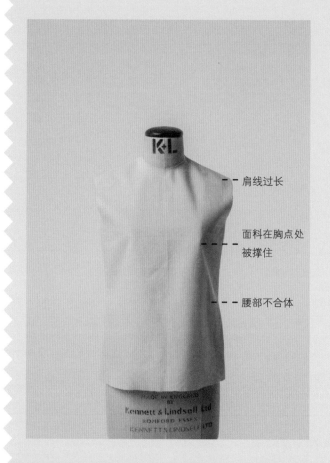

肩线过长

面料在胸点处被撑住

腰部不合体

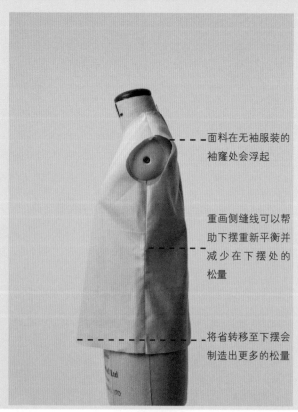

面料在无袖服装的袖窿处会浮起

重画侧缝线可以帮助下摆重新平衡并减少在下摆处的松量

将省转移至下摆会制造出更多的松量

无省道设计

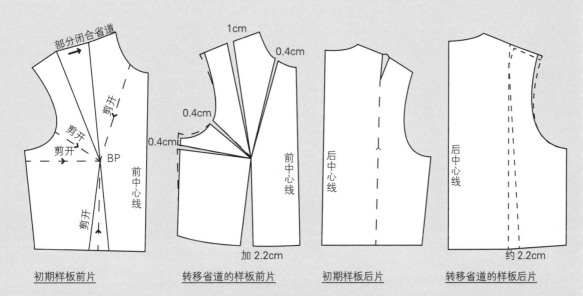

初期样板前片　　转移省道的样板前片　　初期样板后片　　转移省道的样板后片

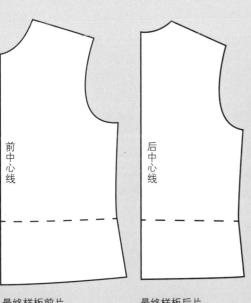

最终样板前片
（延长至臀围）　　最终样板后片
（延长至臀围）

分步讲解

前片

1.拷贝衣身原型前片，从BP点画发散式的直线到领口、袖窿、侧缝和底边，用于转移胸省。再将样板剪开。

2.沿这些线条剪开到BP点。剪开时要小心，不要在BP点处剪断。将肩省闭合，在肩线处留1cm。将剪开线展开，各处展开量如下：领口处0.4cm，袖窿处0.4cm，侧缝处0.4cm，剩余省量转移至底边（约2.2cm）。省量分散于胸部区域以及转移至底边。

3.现在的肩线比原型长1cm，但是重画袖窿弧线可以消除这1cm。

注：这样袖窿弧线就增大了，所以袖山处的松量可适当减小。

后片

1.拷贝衣身原型后片，在腰围线上作一条垂线与肩胛省的省尖相交。

2.从腰围线沿这条垂线剪开，折叠一部分肩胛省，让这条垂线在腰围线上展开和前片一样的省量（约2.2cm）。

3.从颈侧点（NP）将肩线重画直顺。这样就使得肩端点（SP）上升，袖窿弧线变大，因此袖山的松量会减小。如果肩线过长，可以调整袖窿弧线以减少肩线长，但要注意与前片匹配。最终的样板将原型延长至臀围线。

为什么不设置省道？

制板前要想好你的设计，并问自己："为什么要设计无省的服装？这样会提升我的设计吗？"这样也许会打破简单的线条，抑或是印花图案经裁剪后会破坏效果。无论是什么原因，如果你要制作合体的服装，就要尽量避免无省设计。记住，你要通过二维的服装包裹三维的人体。

48 样板设计基础 从三维到二维的基础原型
省道设计
合体分割线和展开量的控制
复杂款式线
增加展开量
增加体积感

合体分割线和展开量的控制

2

基本原型对服装合体性造型的塑造比较有限，尤其不适用胸围上下都很合体的服装。除非面料有较好的拉伸性，否则应该通过在合体的部位画款式线，再切割样板这样的方式得到贴合人体的服装。这些款式线将衣身（或其他服装部位）分成若干片，这些被分割的样片称为"分割片"。

分割线（或其他任意被分割的样板）可以应用于多种颜色、不同面料和纹理结构的设计中。一般来说，被分割衣片的布纹方向应该与原型衣片的布纹方向一致，但是有一定的偏斜角度（45°左右）可以提高其悬垂性。在20世纪20~30年代，人们就是利用了斜裁布料的特征和分割片来制作柔滑的合体服装。

在这里举两个关于衣身分割的例子。第一个例子，分割线经过BP点，并且腰省和胸省都包含在该分割线内；第二个例子（参见50页），分割线没有经过BP点，其中包含了腰省但不包含胸省。

肩线中点到腰围的分割线
（经过BP点）

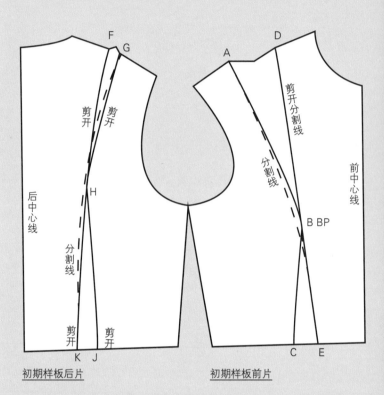

初期样板后片   初期样板前片

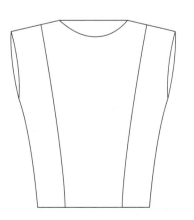

分步讲解

1. 拷贝衣身原型后片到腰围（或臀围）处，标记好所有相关的省道和腰围线，检查肩省是否在中心处——如果不是，则将其移至中心点处。

2. 从肩省处画一条圆顺的曲线经过其省尖，并穿过腰省省尖附近到腰围线上。在腰围线处展开和前片同样大的省量。

3. 拷贝衣身原型前片到腰围（或臀围）处，标记好所有相关的省道和腰围线。

4. 从肩线的中点画一条到BP点的直线，这条直线就是胸省要转移的位置。沿着这条直线剪开，闭合胸省将其转移到肩线中点上的这条直线中。如果你拷贝的原型的胸省是在肩线中点处，则可以省去这一步骤。

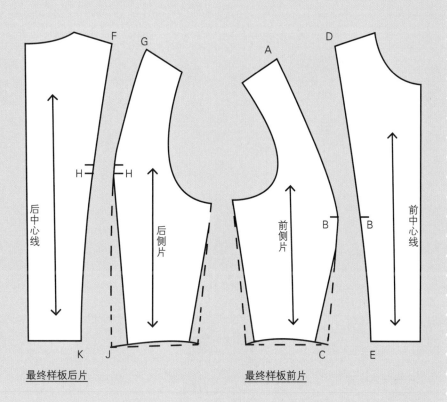

最终样板后片　　　　　　　　最终样板前片

分割线

始终注意检查缝合在一起的分割线的上下角度是否为直角，长度是否相等。一般也需要调整分割线的邻边使角度为直角。

5.标记出对位点，测量分割线的长度，并根据需要调节其长度，画出垂直于腰围线的布纹线。

6.剪开分离样片。

注：可以在分割样片的腰围和侧缝处增大收缩量来制作更为合体的服装。

7.将分割片拷贝到另一张纸上，把从肩线中点到BP点的曲线画圆顺，并将腰省包含在其内。把线画圆顺，并将胸省与腰省在BP点处的交点画顺，消除转折点，在BP点处做好对位标记。你会发现靠近前中心线的曲线比靠近侧缝线的曲线平缓。分割开的两片样板的分割线曲度不一样，一般以曲度小的一侧为主。

8.测量出分割线的长度，并调节其长度，标注出面料的布纹方向。沿着这些修改调节后的分割线将各样片分割，如果前中心线没有分割则要将其画为一个整体。

2

偏移基础省位的分割线

　　这类分割线不过BP点设置省道。如果分割线距离BP点很近，则多余的省量可以转移到分割线中。分割线距离BP点越远，就会有越多的余量浮于衣片上。

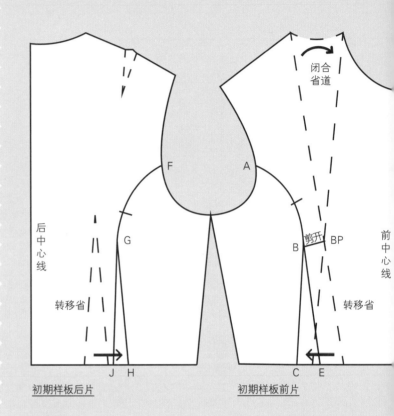

刀背缝
（不经过BP点）

闭合省道

后中心线

前中心线

F

A

G

剪开

B　BP

转移省

转移省

J　H

C　E

初期样板后片　　　　　　　　　　初期样板前片

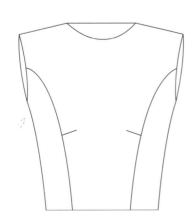

分步讲解

　　1.拷贝衣身原型后片到腰围（或臀围）处，先画一条靠近后中心线的参考线（F-G-J）。如果用人台的话，就闭合省道，将样板别到人台上，这样可以看到你想要画的分割线的位置并可进行调整，利用标记带或软质铅笔将这条分割线标出。本例中分割线是从袖窿到腰围的曲线，但偏离了原有的腰省位置。在确定分割线的位置时可以忽略腰省的位置。

　　2.拷贝衣身原型前片到腰围（或臀围）处，其原型衣片的胸省在正常位置。先画一条靠近前中心线的参考线（A-B-C），如果用人台的话，就闭合省道，将样板别到人台上，这样可以看到你想要画的分割线的位置，利用标记带或软质铅笔将这条分割线标出。本例中分割线是从袖窿到腰围的曲线，但偏离了BP点。在确定分割线的位置时可以忽略腰省的位置。

　　注：在画分割线时应保持胸省闭合。

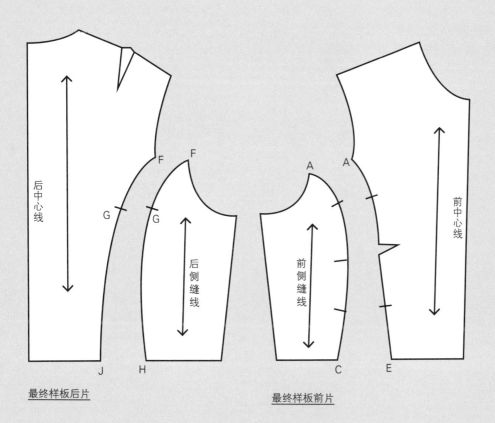

后中心线

F F

G G

后侧缝线

J H

最终样板后片

A A

前中心线

前侧缝线

C E

最终样板前片

3.将样板后衣片从人台上取下，把其平铺展开，擦去分割线的参考线。样板后衣片的分割线在袖窿处的位置不需要和样板前衣片的位置相匹配，但要考虑视觉平衡。标记出对位点。

4.沿标记画好分割线（F-G-J），使J-H的大小与腰省的大小一样，将线条画圆顺。

5.测量出分割线的长度，如果分割线的长度不等则需调节其长度。沿分割线剪开，分割各样片。

6.在所有的样片上标记好布纹方向，布纹线应与腰围线垂直。

7.将样板前衣片从人台上取下，把其平铺展开，擦去分割线的参考线。如果没有人台，就在平面上先将分割线画好，再将其放在自己身上检查。从分割线到BP点画一条短直线（B-BP），将胸省转移到该短直线位置。在分割线上至少要标记出两个对位点，其中一个点的位置就是缝合后的胸省位置。

8.由于胸省的位置发生了转移，所以腰省要沿着腰围线作相应的移动，其大小与基础腰省大小一样，将线条画圆顺。

9.测量分割线的长度，如果分割线长度不等则需调节其长度，并沿分割线剪开，分割各样片。

10.沿新的省道线B-BP剪开，再闭合胸省。

2

裙子的分割线

简单的六片分割裙

　　裙子的分割线不仅影响裙子的轮廓和合体性，而且还可以通过增加裙摆的宽度来增大裙摆线。可以在分割线上的任意位置增加展开量，这样可以得到很多不同的款式。

　　分割片的数量是依据设计而定的：一条合体且裙摆很大的裙子需要分割为八片，但也可以设计得更多（但要合理）。前裙片和后裙片的分割片数量通常是一样的，并且分割片的大小和形态也都一样。但是如果设计有要求，如需要在后裙片设计更大的裙摆，使得后裙片在臀部以下凸出，则前、后裙片的大小和形态可以不一样。

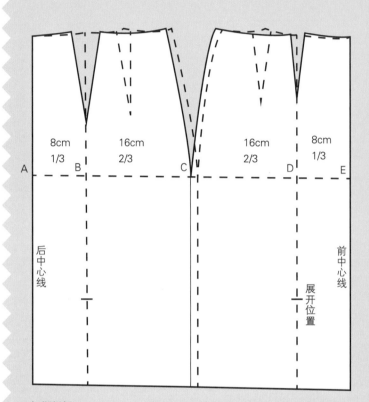

初期样板

分步讲解

　　注：尺寸标注在括号里。

　　1.将裙子原型前、后片的侧缝线重合，下端的侧缝线与底边线垂直。拷贝裙子原型的前、后片，标记好相关的省道、臀围线和侧缝线。

　　2.在臀围线上标记出中点，将前、后裙片的臀围尺寸调节为相等，即前、后片臀围均为24cm。将前裙片的侧缝线向后移1cm，这样就减小了后裙片的宽度。按原型的侧缝线曲度画出新的侧缝线，与底边线垂直。

　　3.把前、后片的分割线画在各自臀围线的1/3处，即分割线距前、后中心线16cm，分割线距侧缝线8cm，这样前、后裙片就各被分割成三片。

　　4.将腰省转移到分割线中，并将省量等量地转移到分割线两侧。这样后裙片总的省量大于前裙片的省量。根据新的省道位置重新画好腰围线，要保证新省道的两条省边线相等。可根据需要做出相应的调整。

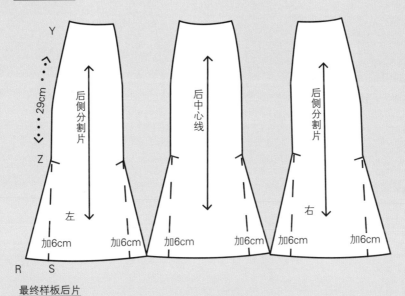

最终样板前片

最终样板后片

Y–Z=沿侧缝29cm
R–S=在侧缝处增加底边宽度为6cm

5.在各裙片上标出分割片展开的起始点高度（一般在腰围线向下29cm处，但还是要依据设计而定），并在侧缝线上标记好对位点和省尖点，在裁剪分割前还要标注好每一片样板。

6.将分割片放在一张纸上，保证裙摆两侧加宽的展开量有足够的位置（侧缝线往外增加6cm的展开量）。用直线连接展开后的底边点（展开量为6cm）到分割片展开的起始点，再依次处理各片。

7.重画每一分割片的底边线，使之与分割线垂直，以便缝合。

调整底边线

测量展开点到底边的直线长度，再用卷尺以此长度为半径，以展开点为圆心画圆，该弧线即为增量宽，然后标记好新的底边线位置。根据展开量的大小，底边线位置会有所上升。在展开点附近将分割线画圆顺，不能有拐角。

添加更多的分割线

如果需要加大裙摆造型，则需要将裙片分割成八片甚至十六片。其准备工作和六片裙是一样的，先调整前后片侧缝，使其长度相等，再将腰省转移到分割线处。将腰省省量平分到前、后裙片的分割线中，八片裙在前中心线上断开。

裙摆宽

重要的一点是，不要不考虑实用性而盲目增大裙摆。如三片裙的裙摆增量太大会导致多余的展开量堆积，但是展开量堆积的效果有时也是设计所需要的，所以应该考虑全面。对于裙片的分割数量及展开量的大小，可以先用不同的分割片数量和宽度试验一下，来帮助你理解可能出现的效果。

从三维到二维的基础原型
省道设计
合体分割线和展开量的控制
复杂款式线
增加展开量
增加体积感

复杂款式线

2

服装的款式线将分割线、育克以及有省或无省的造型特点结合起来。款式线还可以用来控制合体度、展开量、体积感和其他设计的细节，如撞色设计和缝型。设计将会决定款式线的位置，依据设计才能知道款式线要塑造的具体造型是什么样的。

款式线的类别无穷无尽，但是要注意在设计时应先画出其轮廓线，再画出款式线。并要想象出三维整体造型，包括前面、后面、侧面。

这里列举的例子可以用于撞色、拼接和装饰缝的设计。将腰省转移到育克分割线中，所以款式线的上部分位置由省长决定。

消除侧缝线

裙子下部的一条款式线是从前片到后片，它消除了侧缝线，所以可将其裁为一片。

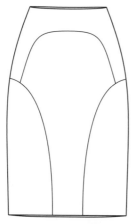

复杂款式线设计

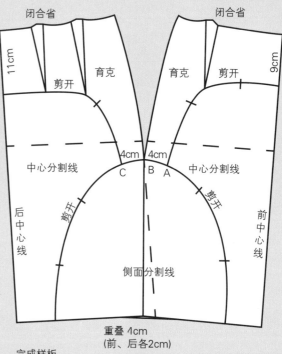

闭合省　　　　　　　　　　　闭合省

11cm　　　　　　　　　　　　　　　9cm

剪开　育克　　　育克　剪开

4cm　4cm

中心分割线　C　B　A　中心分割线

后中心线　　剪开　　　剪开　　前中心线

侧面分割线

重叠 4cm
（前、后各2cm）

完成样板

分步讲解

1.将裙子原型前、后片的侧缝线重合对齐，然后将前、后片侧缝线的下端部分重合2cm，这样底边宽就减少了4cm。拷贝裙子原型样板，标记好所有相关的省道和臀围线。

2.用棉织带、标记带或软质铅笔标记出款式线，将其穿在人台上有助于你看到款式线的三维效果。

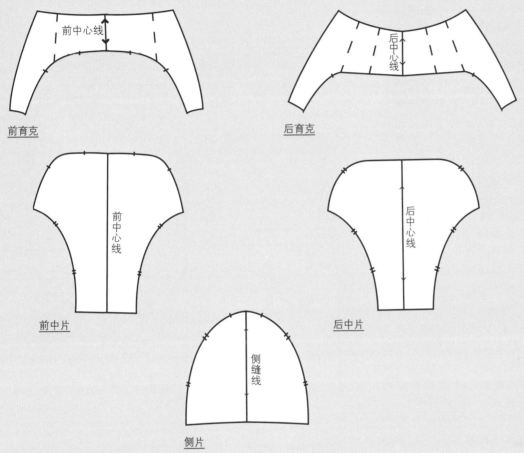

前育克

后育克

前中片

后中片

侧片

款式线的绘制

确定款式线的位置时，可以使用人台，因为三维人台可以展现出款式线在人体上的真实效果，并且往后退几步观察可以检查出样板的比例和造型问题。利用细织带、标记带或软质铅笔（在样板制作时不推荐使用，但适合在样板上轻轻地做标记）标记出款式线。如果没有人台，可以将画好款式线的样板放在自己身上或放在别人身上对着镜子进行检查。

疑难解答

将裙子的各片缝合在一起时，需要对凸曲线与凹曲线进行拼缝。沿缝迹线在凹曲线的缝份上打剪口，这样便于缝合。

3.侧片：从前片到后片画一条曲线。为了保持平衡，另一半的侧片可以拷贝出来，还要保证侧缝线与底边线垂直。

4.育克：画一条前育克分割线并将腰省闭合。前育克分割线经过腰省省尖点，并距侧缝线4cm宽（A-B=4cm）。后片的育克和前片的育克一样，调整后育克分割线让其经过腰省省尖点，距侧缝线4cm宽（B-C=4cm）。在育克分割线上标记对位点，沿育克分割线剪开，分离各裙片。

5.最终样板和育克：闭合腰省，在对折的纸上拷贝育克使之成完整的一片。检查育克分割线与前中心线及后中心线的夹角是否为直角，线条是否圆顺。

6.中片：按前、后中心线对折重新画出中片，完成整片的绘制。将前中心线和后中心线置于对折的纸上拷贝，得到完整的前、后中片。

7.侧片：前后侧缝线重合在一起，对折侧片，以其对折中心线作为布纹线，稍微调节侧缝重合的下端曲线。

本例样板尺寸：

前育克：前中心线处向下9cm，距离侧缝线4cm。

后育克：后中心线处向下11cm，距离侧缝线4cm。

中片：侧缝线从腰围线处向下26cm，下摆宽30.5cm。

56   **样板设计基础**   从三维到二维的基础原型
省道设计
合体分割线和展开量的控制
复杂款式线
增加展开量
增加体积感

增加展开量

2

  在样板上增加松量或展开量，最常用的方法就是剪开和拉展。确定好原型上剪开的位置和拉展量。在增加展开量时要考虑到以下几点：

· 面料类别——厚度和重量。厚重的面料有助于维持服装造型，因此增加的展开量会比较明显地显现出来。轻薄的面料增加的展开量可以大很多，因为增加的拉展量会以褶的形式下垂到裙摆处。

· 展开量的均匀性——将展开量均匀分散。一般不会只在侧缝处增加展开量，因为这样会改变面料的布纹方向。为了平衡前、后裙片，将增加的展开量等量地插入拉展宽度中，但是前、后裙片底边的整体宽度可能不一样。

· 布纹方向——当样板的展开量很大时，就需要将其分割为几片，使得每一片都要有相同的布纹方向。分割片数取决于所设计的展开量大小，这将在第4章进行探讨。

在裙子原型上进行
简单的剪开和拉展

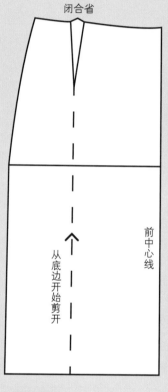

初期样板前片   最终样板前片

  这是用重新分配腰省的方法在底边处增加展开量。

分步讲解

前裙片

  1.拷贝裙子原型的前片，并标记好所有相关的省道和臀围线。确定裙子的长度，再调整底边的宽度，同时测量出腰高，然后沿原型将样板剪下。

  2.经过省尖点画一条垂直于底边的直线。

  3.沿着这条直线从底边处剪开到省尖点，然后闭合腰省将其转移，使得底边展开。

  4.测量底边增加的量。

  注：对于底边很大的设计来说，剪开到腰围线后再闭合腰省，将底边拉展到想要的宽度，要特别留意布纹方向、底边宽度和面料类型这几点。

  5.画顺腰围线和底边线以完成样板设计。

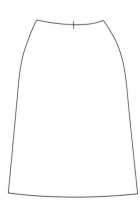

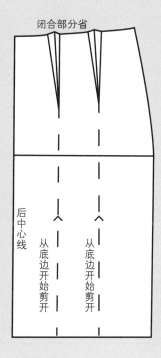

初期样板后片

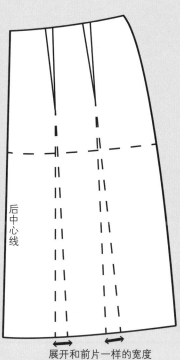

展开和前片一样的宽度

最终样板后片

分步讲解

后裙片

1.拷贝裙子原型的后片，并标记好所有相关的省道和臀围线。调整底边线，使其侧缝和前片侧缝等长，然后沿原型将样板剪下。

2.经过两个省尖点，从腰围线上各画两条垂直于底边的直线，这两条直线就是剪开线的位置。

3.沿着这两条直线从底边处剪开至省尖点，将每个分割片的底边展开，其展开量和前片展量一致。闭合省道，并使底边处的增量相等。后腰省的省量不会完全被转移，因为后腰省的省量比前腰省的省量大。

注：后裙片的底边拉展量是根据前裙片的拉展量而定的。要保证前、后裙片拉展量平衡。

4.画顺腰围线和底边线以完成样板设计。

从三维到二维的基础原型
省道设计
合体分割线和展开量的控制
复杂款式线
增加展开量
增加体积感

臀部有育克的喇叭裙

该款裙子是在腰部和臀部合体，故需划分裙片的合体区和喇叭形展开区。

省道

在画育克或分离后裙子的上部分时，要保持腰省闭合。

育克

育克一般是含有腰省的，即腰省从其原来的位置转移到育克线中。

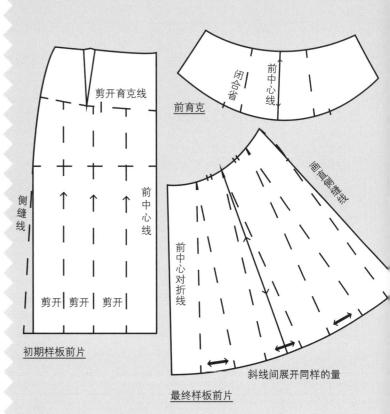

育克喇叭裙

前育克

初期样板前片

最终样板前片

斜线间展开同样的量

分步讲解

前裙片

1.拷贝裙子原型的前片，标记好所有相关的信息。

2.育克：闭合腰省，用软质铅笔或标记带标记出从裙片的侧缝线到前中心线的育克线。在这个例子中，育克线下降至腰省尖点处（人台有助于观察育克线在立体时的真实效果）。保持腰省闭合，平铺样板调整线条。在这条育克线上至少要标记一个对位点。

3.裙片下部：从育克线到底边线画出间距相等并垂直于底边线的剪切线。

4.沿育克线剪开，将裙片上部和下部分开。

5.增加裙片的展开量：从底边处沿展开线剪开，一直剪到育克线的边缘——不能剪断，但要尽量靠近育克线。拉展剪开的这几条线，在每一部分中加入等量的展开量。根据设计造型，其展开量的大小是不同的。将侧缝线从臀围线处向底边画直，同时可增加更多的展开量（这一步骤可以在准备期来处理）。

6.拷贝拉展后的样板，将线条画顺。将育克的前中心线置于对折的纸上拷贝，得到完整的育克。在样板的中间位置画出布纹方向。

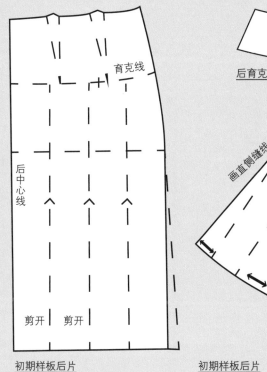

育克线

后育克

后中心线

后中心线

画直侧缝线

后中心对折线

剪开   剪开

斜线间展开同样的量

初期样板后片   初期样板后片

分步讲解

后裙片

1.拷贝裙子原型的后片，标记好所有相关的信息。

2.育克：从裙片的侧缝线到后中心线用标记带标记出一条育克线，然后将腰省闭合。在这个例子中，育克线下降至腰省尖点处（人台有助于观察育克线在立体时的真实效果）。将纸样展平，闭合腰省，再调整好线条。

注：在侧缝线处检查前、后裙片的育克线位置，看其从腰围线下降的长度是否相等，后育克线的后中心线可能会比前育克线的位置低一些。

在育克线上标出一些等间距的点——如果前、后裙片标记和标记间隔不一样，可以有助于区分前、后裙片，对于后裙片可设定两种标记方式。

3.裙片下部：从育克线到底边画出等距的并垂直于底边线的剪开线。

4.拷贝拉展后的样板，将育克线和底边线画圆顺，并标记出所有相关的信息，包括布纹方向。

疑难解答

前、后裙片的底边宽度可能不一样，但它们的展开量是相同的。

60   样板设计基础   从三维到二维的基础原型
省道设计
合体分割线和展开量的控制
复杂款式线
增加展开量
增加体积感

增加体积感

可以通过剪切、拉展的办法来创造造型的体积感。如果体积感只存在于服装特定的部位，那只对此部分进行处理；如果体积感分散于整体，那体积感就遍布整件服装。一般认为服装具有的体积感是在某一很小的范围内将服装的褶聚集于某一点。体积感的大小是由以下几点决定的：

· 设计
· 面料
· 在人体上的位置

陀螺形裙

这个例子的体积感设定在腰围线处，并强调了体积感的效果。能到达这种效果的方法很多，如引入育克、分割衣片。这种效果还可以应用到其他部位，如在袖子的缝迹线下端增加体积感。

腰围曲线

拷贝拉展后的样板，并调节好腰围曲线以完成最终样板，其中要减去原腰围线比重画腰围线多出的一部分。画好底边线，并检查前中心线和侧缝线是否垂直相交。

陀螺形裙

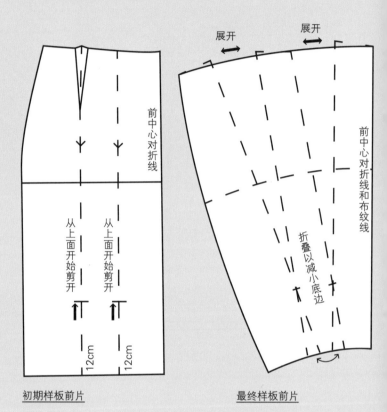

展开   展开

前中心对折线

从上面开始剪开   从上面开始剪开

12cm   12cm

初期样板前片

前中心对折线和布纹线

折叠以减小底边

最终样板前片

分步讲解

前裙片

1.拷贝裙子原型的前片到想要的裙子长度，标记好所有相关的尺寸。

2.从下摆处画两条垂直于底边并经过腰省到达腰围线的剪切线，其中一条距离前中心线6cm。根据裙子的长度，从底边向上12cm处做好标记。以这一点为旋转点，折叠底边使上部分的裙片展开形成省道。

3.沿腰围线将这两条线剪开，一直剪到在剪切线上标记的点，在腰围线上的展开量要等量分配。展开量的大小是依据造型、服装款式和在人体上的拉展位置而定的。

4.在标记的旋转点的下部分，将底边折叠收为省道，这样就减小了底边（但要保证便于行走的底边最小量）。减小底边省量能控制裙子上部分的体积感，底边折叠收为省道的量直接影响裙子上部分展开量的大小，因此就会影响到其体积感。

5.拷贝拉展后的样板，并调节好腰围曲线以完成样板的绘制，其调整后的腰围线不在原有腰围线的位置上。画好底边线，并检查前中心线和侧缝线是否垂直相交。最后，按对称将其绘制为一完整的样板。

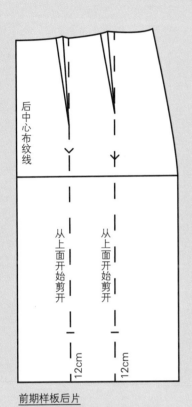

后中心布纹线

从上面开始剪开

从上面开始剪开

12cm

12cm

前期样板后片

展开　　　　展开

后中心对折线和布纹线

折叠以减少底边

最终样板后片

分步讲解

后裙片

1.拷贝裙子原型的后片，并标记好所有相关的信息。

2.从底边处画两条垂直于底边并经过腰省到达腰围线的剪切线，从底边向上12cm处做好标记，此点为剪切终点。

3.依据前裙片的步骤将增加的拉展量等量地分配到剪切线的腰围处。

4.和前裙片一样拷贝拉展后的样板并修正线条，最后将其对称绘制为一完整的样板。

从三维到二维的基础原型
省道设计
合体分割线和展开量的控制
复杂款式线
增加展开量
增加体积感

在袖口处增加体积感

2

灯笼袖

这个例子是在样板的下半部分增加展开量。用在袖片上剪切、拉展的方法和裙片是一样的，在手腕（袖口）处的拉展量要很大，而在袖山处的拉展量要很小。但也可以倒置（如陀螺形裙），使拉展量都设在袖片的上部，在手腕（袖口）处就没有拉展量。

在制板前要将体积增大量和袖长设定好，所以要先制出测试样本。袖子的制作方式，如松紧带、滚条和袖克夫——这些都会影响到袖子长度。如果袖克夫很宽，那么就要将袖长减少至比克夫窄2cm或3cm的长度。

灯笼袖

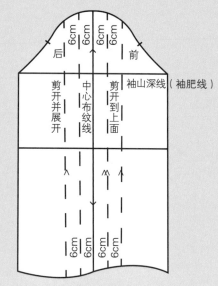

初期样板

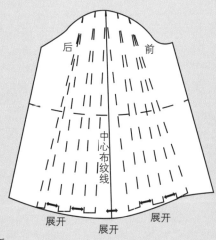

最终样板

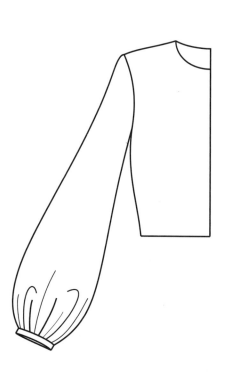

分步讲解

1.拷贝整体的袖子基本原型，标记出袖山线、中心线和袖衩。

2.沿垂直于袖山线的方向画四条平行的剪切线，中心线两侧的线条距离中心线大约6cm。

3.从袖口到袖山弧线沿这四条直线剪开，但不要剪断。

4.拉展每一条剪切线，在中间的两条分割线中平均增加多一点展开量，在侧边的两条要平均增加少一点，这样其分配就平衡了。测试你所需要的拉展量（从反方向看），但是一般需要将完成的袖口进行两次抽褶。

5.在袖长上减去袖克夫的宽度，然后在靠近中心线的位置增加1~3cm，以此来调节袖克夫。

短泡泡袖

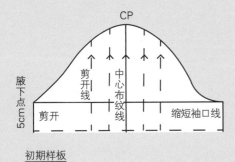

初期样板

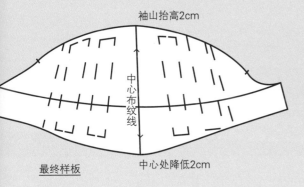

最终样板

在袖山和袖口增加体积量

短泡泡袖

在这个例子中,利用剪切和拉展的方法将体积量增加到袖山和袖口处,这个例子还展示了在不同分割片中添加不同展开量是什么效果。为了获得更明显的体积感和泡泡袖的效果,本例还增大了袖山的高度和宽度。

成品

在袖子长度方面要考虑到松紧带、袖克夫、滚条和其他的后处理,因为这些因素决定了如何完成袖子的制作。

体积量的大小

可以通过面料抽褶来测试你所想要增加的体积量大小,要考虑到它的成形效果并做出相应的调整。测量出这一部分袖子抽褶后的长度,然后再一次打开褶,展开时就可以知道每一分割片所增加的体积量是多少。

分步讲解

1.按设计长度拷贝袖子基本原型(此例子中为腋下点5cm处),画出中心线和袖山深线——在剪切分割时这两条线有助于控制造型。

2.从袖口到袖山弧线画出等距(大约6cm)的剪切线,并且垂直于袖口线和袖山深线,中心线也作为剪切线。

3.沿袖片的轮廓线剪下,沿剪切线剪开,并拉展所有被分割的袖片。

4.在另一张纸上画好新的中心线,并画出一条接近垂直于袖山深线的直线,这两条线将作为参考线。将剪切的袖片小心地放在一张纸上,并标记出中心线,利用袖山深线作为保持样板水平的参考线。

在袖山处从中心线往外分别按4cm、2cm、1cm的展开量对称拉展。

5.固定拉展后的袖片顶端,在袖口处从中心线往外分别按6cm、3cm、1cm的展开量对等拉展。你会发现这影响到了袖子上端的造型,袖子上端会变得不平齐,用大头针固定住样板。

6.增加袖口和袖山弧线的长度,在袖山中线处抬高2cm(这主要是依据款型和面料而定的),在袖口中线处降低2cm(和袖山中线处的增加量一样)。最后将袖山弧线和袖口线画圆顺。

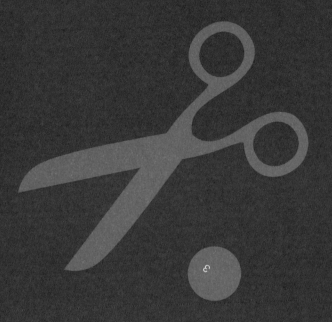

3

服装廓型

本章阐述样板制作是如何影响服装廓型、造型和合体性的。理解廓型怎样决定服装的整体效果是一项基本技术。本章将特别介绍怎样设计直线型、倒三角型、方型、梯型、沙漏型、圆顶型、灯笼型、蚕茧型、气球型等服装廓型。

66　　服装廓型　　　　　廓型设计　　　　　圆顶型
　　　　　　　　　　　　直线型　　　　　　灯笼型
　　　　　　　　　　　　倒三角型　　　　　蚕茧型
　　　　　　　　　　　　方型　　　　　　　气球型
　　　　　　　　　　　　梯型　　　　　　　面料、廓型和比例
　　　　　　　　　　　　沙漏型

廓型设计

3

时装设计是为人体设计服装。人体是设计的依据，服装展示人体的曲线，或是用人体支撑服装的结构。

时装设计体现了廓型设计原理，这种廓型设计原理是设计的基础，廓型就是通常所说的轮廓，但一件服装可以由多种廓型组成，所以本书倾向使用"廓型"这个术语。

时装廓型（和比例）与文化和社会变迁有关，并体现了社会变迁的方向。20世纪早期的直线型服装是对人们穿着紧身胸衣服装的解放，人体也从过分装饰和约束的服装中解脱出来。它代表了一种时尚，简约的线条和少量的表面装饰是它的特征，并且它还是女性解放的象征。这也是20世纪60年代的廓型，在那个时空旅行和未来主义思潮的时代中出现了新潮的文化，而且在时尚界中充斥着儿童化倾向的裙子。20世纪90年代，廓型是极简抽象的，并采用简化设计。

夸张的廓型与特定的环境有关，例如，迪奥设计的套装——著名的沙漏型，忽略面料的影响，用15码（1码=0.9144米）面料在紧身胸衣上制作出凸显臀部的伞裙。这一设计说明了战争年代的简朴和有限的面料供应，并产生了凸显女性丰满臀部的心理暗示。战后的国家需要重建，多年的男性化工作以及穿着粗糙面料制作的男性化廓型，使女性迫切需要"女性化"廓型的服装。

另一个例子是在20世纪80年代，当时女性生活在男性主导的世界里，开始穿着加强肩部线条廓型的时装，以此来传达"刚劲"的信息。这些廓型模仿了男性的宽肩并且加以夸张。刚劲也在真实的人体体型和运动中得以体现，通过穿着合体的紧身衣来展现这种健美的体型。

有趣的是，在20世纪40年代，相似的廓型潮流已经出现。一时之间，女性必须要从事男性的工作，并要穿着套装或制服。而且，在时装界所有领域中，方型肩的使用都模仿了男装的裁剪。然而，这并没有像20世纪80年代那样极端，这是因为尽管女性已经在从事男性的工作，但是她们并没有传达出一种要进入男性职场的欲望。

廓型受很多文化和历史的影响，本书据此来阐释时装设计。

廓型是样板制作的一个重要开始点，它形成了许多的设计理念。本书按以下顺序来介绍：设计、廓型、合体性和细节设计。最终所有的东西都可以归结于廓型，并且这有助于思考比例和平衡，而这些又是设计师和制板师花费多年时间才能提炼得到的。

本章强调了创建最普通廓型的方法，并与其他章节相关联。

对面页
T台上的廓型
在本章中提到的9个廓型：

上行从左到右：
梯型：查理·比多斯（Charlie Bidois），西肯特和阿什福德学院；气球型：与气球顶部高度相似的廓型；蚕茧型：丹妮·拉格雷吉斯（Daniela Gregis），2016年春夏

中行从左到右：
圆型：普罗恩萨·施罗(Proenza Schouler)，2013年秋冬；沙漏型：巴西特·巴吉巴格利（Rasit Bagzibagli），2015年秋冬；倒三角型：六合·库霍（Hexa By Kuho），2014年春夏

下行从左到右：
灯笼型：查理·比多斯，西肯特和阿什福德学院；直线型：崔武东（Wudon Choi），2015年秋冬；方型：杰西卡·巴赫曼，曼彻斯特大都会大学艺术学院

亚历山大·黑塞哥维那
（Alexandre Herchovita）：

有时我是一个感性的人，但也会理性地考虑廓型。

直线型

3

　　简单的直线型是最经典并被广泛使用的廓型，常被称作"A型"。直线廓型是很多服装设计的基础，尤其是宽松直筒式连衣裙和上衣。20世纪60年代玛丽·奎恩特（Mary Quant）的迷你裙就是这种廓型，现在仍流行于很多设计师的系列作品中。这种廓型几乎可以是直线条的，但通常底边较宽，这是因为当我们从上往下看时，在视觉上减小了宽度，所以加宽底边使视觉上更令人满意。该廓型也是宽底边廓型的基础，比如梯型。

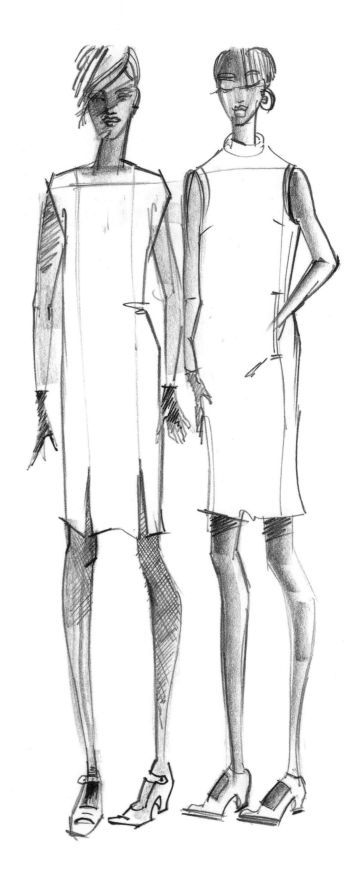

廓型设计
直线型
倒三角型
方型
梯型
沙漏型

圆顶型
灯笼型
蚕茧型
气球型
面料、廓型和比例

3

制作直线廓型

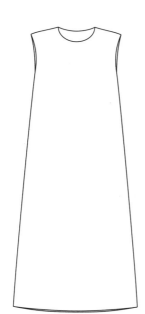

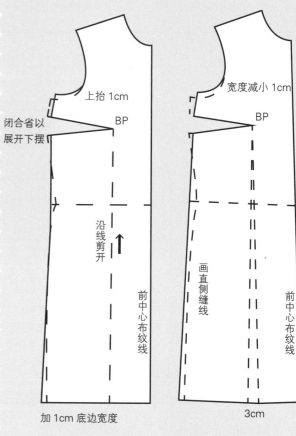

闭合省以
展开下摆

上抬 1cm

BP

宽度减小 1cm

BP

沿线
剪开

前中心布纹线

画直侧缝线

前中心布纹线

加 1cm 底边宽度

3cm

初期样板前片

最终前片样板

分步讲解

前片

1.拷贝衣身前片原型，将胸省转移到侧缝中，从臀围线向下延长至设定的衣长处，并标记出所有相关的信息。

2.作一条剪切线垂直于底边线，剪开这条线到BP点，将胸省部分闭合，使底边处的展开量为3cm（闭合的胸省越大，底边的展开量就越大）。

3.侧缝：将腋下点至少上抬1cm，胸宽减少1cm或依据合体性减少得更多。从新设定的腋下点到原底边线向外1cm处画一条曲线，这条曲线经过臀宽点。

4.重新画好袖窿弧线，拷贝修改后的样板，将底边画圆顺。拷贝样板时将胸省闭合。

5.在制作服装时，为了避免在省的末端出现一个点，应将胸省省尖距离BP点5cm。闭合新的胸省，修顺侧缝线。省长比原来的短，是因为省尖点距离BP点5cm。

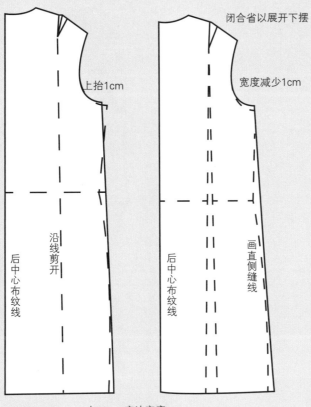

初期样板后片　　　　最终后片样板

后片

1.拷贝衣身后片原型，延长臀围线处的长度与前片相匹配，并标记出所有相关的信息。

2.作一条剪切线垂直于底边线并连接到肩省尖点。

3.与前片一样调节袖窿宽和袖窿深。从新设定的腋下点到原底边线向外1cm处画一条直线，这条直线经过臀宽点，与前片相匹配。重新画好新的袖窿弧线。

4.沿剪切线剪开至省尖点，慢慢地闭合肩省直到将底边展开3cm或更多，这将使得肩省减小。

5.重新拷贝全部样板，完成样板制作。

倒三角型

3

　　倒三角廓型以多种方式运用在服装中——从简单的肩部结构到复杂的结构造型。该廓型在20世纪80~90年代和21世纪初都很受欢迎，出现在很多不同的服装造型上。不同的面料可以使这种廓型看起来很不一样，第74页所示的样衣例子一件是由竹丝绸制成的，有很好的立体感。另一件是由丝绸制成，面料可垂荡在胳膊上。用不同的面料来尝试这一廓型所可能产生的效果是值得的。

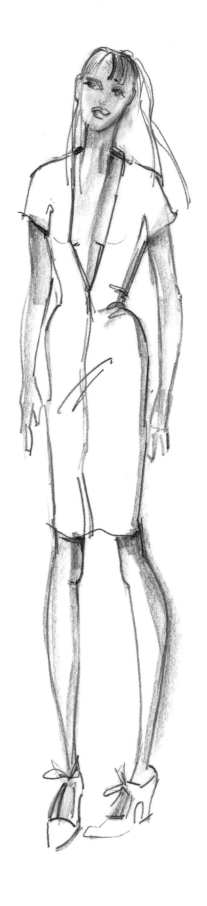

视觉杂志
　　通过保持臀部的紧身合体和较窄的底边设计来维持服装上部的平衡以达到倒三角廓型效果。

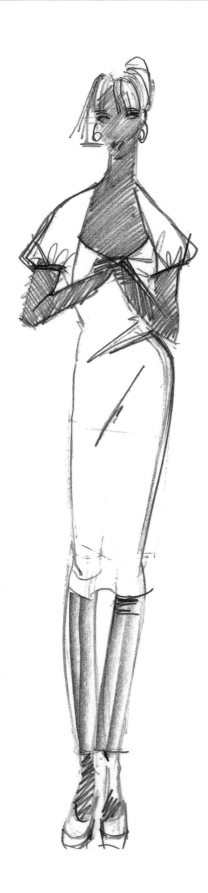

廓型设计   圆顶型
直线型   灯笼型
倒三角型   蚕茧型
方型   气球型
梯型   面料、廓型和比例
沙漏型

3

制作倒三角廓型

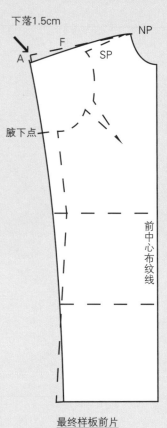

初期样板前片
NP–A = 27cm
B–C = 3cm
E–D = 1cm
A–F = 1.5cm

最终样板前片

真丝汗布

有机竹丝绸

分步讲解

前片

1.拷贝有袖窿省的衣身样板，臀围线向下加长到下摆长度，画一个垂直于前中线的底边线。标记所有相关的省道、腰围线和臀围线。

注：如果从基本原型开始，要先将省道转移到袖窿的位置。

2.肩线：将SP点抬高1cm，画一条临时的新肩线NP–F（27cm）。A点在F点下1.5cm，与NP–F成直角。经过抬高的SP点画一条圆顺的曲线NP–A，完成最终肩线的绘制。

3.侧缝线：腰围线在C点处往外延长3cm处标记为B点。底边在E点处往里收1cm，标记为D点。从新肩线的SP点（A点）到腰围线、臀围线、底边线，经过B点到臀围线上的D点画一条微曲线，这条曲线垂直于新肩线，但要保证从臀围线到D点之间的线条是直线。

4.在这条新的侧缝线上标记新的腋下点、腰宽点、臀宽点。

5.重新拷贝全部样板，完成样板的制作。

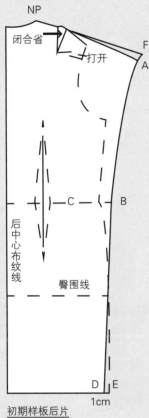

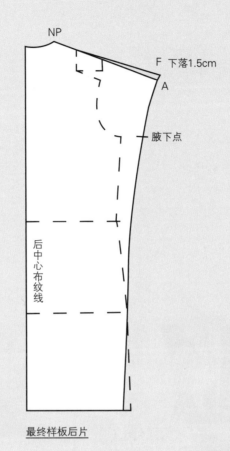

初期样板后片
NP-A=27cm
B-C=3cm
E-D=1cm
A-F=1.5cm

最终样板后片

分步讲解

后片

1.拷贝后片的上衣样板，往下延长臀围线到底边的长度与前片的长度相配。标记所有的省道、腰围线和臀围线。底边线与后中心线垂直。

2.肩线：将肩省转移到袖窿处，将SP点抬高1.5cm与前片相配。

3.画一条临时的新肩线NP-F（27cm）。A点在F点下1.5cm，与NP-F线成直角。经过抬高的SP点画一条圆顺的曲线NP-A，完成最终肩线的绘制。

4.侧缝线：腰围线在C点往外3cm处标记为B点，底边线在E点处往里收1cm，标记为D点。从新肩线的SP点（A点）到腰围线、臀围线、底边线，经过B点到臀围线上的D点画一条微曲线，这条曲线垂直于新肩线，但要保证从臀围线到D点之间的线条是直线。

5.重新拷贝全部样板，完成样板的制作。在新的侧缝线上标记新的腋下点、腰宽点、臀宽点。

【案例研究】

坦雅·马修斯（TANYA MATHEWS）

坦雅的设计理念灵感来自雕塑家芭芭拉·赫普沃斯（Barbara Hepworth），其设计风格像处在20世纪50~60年代这一时期的设计师，像库尔·雷格（Courrège），皮尔·卡丹（Pierre Cardin），巴黎世家和克里斯汀·迪奥（Christian Dior）。

坦雅希望她的设计看起来很现代且有曲线感，她设计的主要特征是大蝴蝶结和围巾。而设计特点是把袖子和腰带穿插进剪出的洞中。同时设计还包括分割和口袋的细节部分。

美学的灵感来自单色，并与各种印花对比，如波尔卡点、条纹、格纹和狗牙印花，创造了一个引人注目且优雅的系列。坦雅这个系列的面料采用了羊毛、丝绸塔夫绸、丝硬缎、欧根纱和皮革。

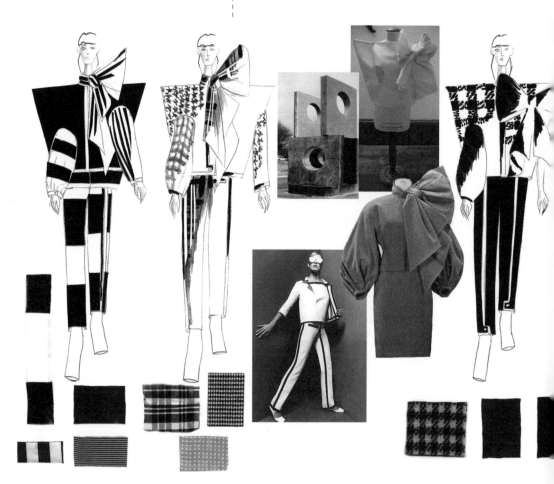

素描簿页面

设计开发—夸张的肩部

最终的成品和T台照片—剪裁和面料是造型的关键部分

方型

3

　　虽然描述为"方型"，但是方型的廓型设计样板实际上是长方形，因为长比宽大。这种廓型也被称作土耳其式长衫，在20世纪70年代很受欢迎。当时的潮流是嬉皮时尚，它的灵感来源于当时的农民服饰。通常，这种廓型比所举实例更加经典——肩线是倾斜的，手臂下的面料较少。这种无省的宽松造型没有严格的侧缝线。选择用柔软的面料能使这种廓型的服装自然地浮于人体（如雪纺绸、丝绸），或者一些有悬垂性的面料（如针织物）。当将肩线继续改斜，并继续减小袖窿量，则会成为斗篷或蝙蝠袖服装。这种板型又被称作"连袖"，即指袖子作为上衣样板的一部分来裁剪。

伦敦2010年展览
　　梅森·马丁·马吉拉（Maison Martin Margiela）的服装轮廓中，肩部是一个很重要的元素。

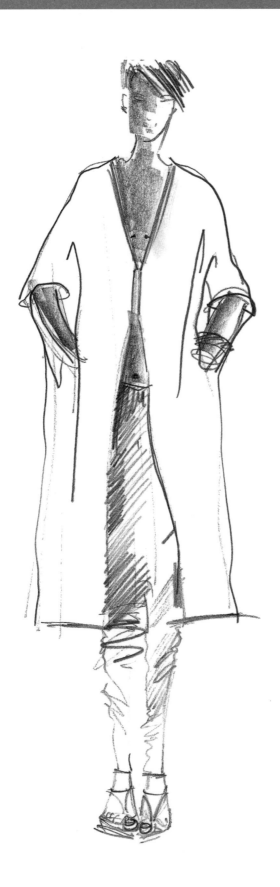

3

制作方型廓型

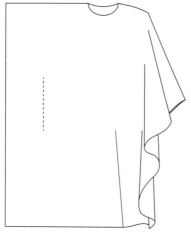

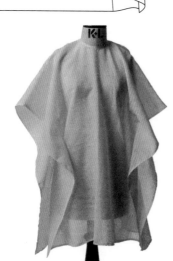

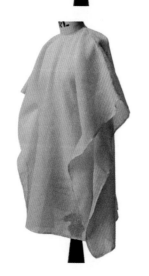

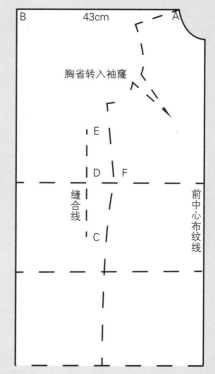

最终样板前片
A–B=43cm
C–D=15cm
D–E=10cm
F–D=10cm

图中标注：
B　43cm　A
胸省转入袖窿
E
D　F
缝合线　　前中心布纹线
C

分步讲解

前片

1.预留出足够的宽度，拷贝上衣前片样板，并标记腰围线和臀围线。按照要求将底边往下加长（腰围线下24cm）。为了不影响其他部位尺寸，胸省必须转移到袖窿位置，但不需要在样板上标记出来，因为它不需要缝合。

2.过颈点画一条垂直于前中心线的延长直线，长度为43cm或是袖肘长。

3.从肩线至底边线画出样板的基础线条，底边线垂直于前中心线。

4.在腰围延长线上标记出侧缝缝合止点（10cm），在侧边留出宽余量。根据此点在腰围线以上10cm和以下15cm处标记缝合线，完成样板。

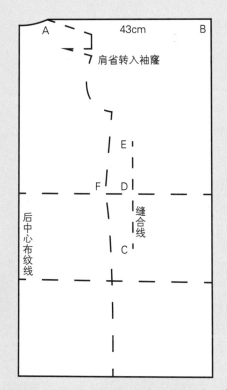

最终样板后片
A–B = 43cm
C–D = 15cm
D–E = 10cm
F–D = 10cm

疑难解答

在你开始制作前，先计算出制板需要多少纸张，因为它不只是原型的宽度，还包括袖子的长度。

分步讲解

后片

1.预留足够的宽度，拷贝上衣后片样板，标记腰围线、臀围线和肩省。将肩省转到袖窿位置，按照要求将底边长度加长（腰围线下24cm）。

2.在下端画一条垂直于后中线的直线，平行于这条直线画一条经过NP点长43cm（袖肘长）的直线或是袖肘长的长度，标记出SP点。

3.从肩线到底边线画出样板的基础线条，底边线垂直于后中心线。

4.在腰围延长线上标记侧缝缝合止点（10cm），在侧边留出宽余量。根据此点在腰围线以上10cm和以下15cm处标记缝合线，完成样板。

【案例研究】

佐伊·哈克斯（Zoe Harcus）

佐伊的时装系列是由扁平箱子激发的灵感，翻转的部分折叠起来时就变成了箱子。

这种方肩的箱子造型塑造了方型廓型，表明方型廓型可以有很多种应用方式。折叠塑造了延长的肩部，产生了角度变化。袖子有上、下两部分，可以使肩部一直延长到袖子。复杂的样板和结构关系创造出了一种简单的方型廓型。

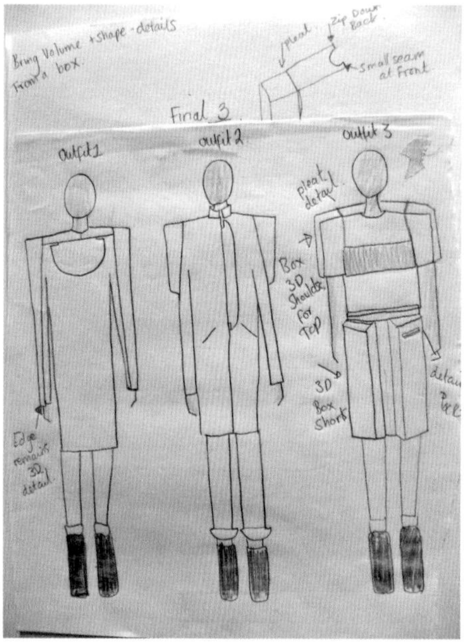

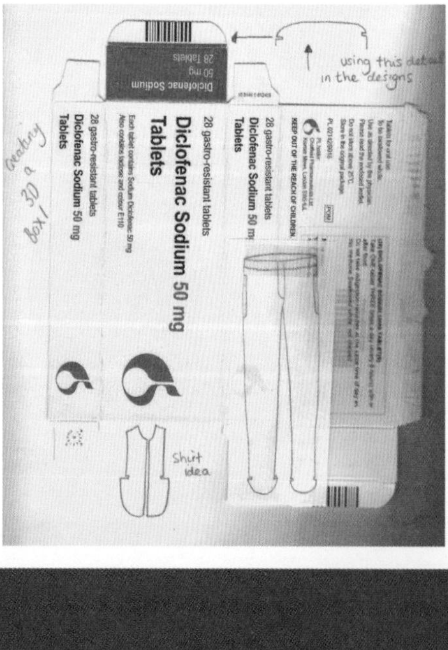

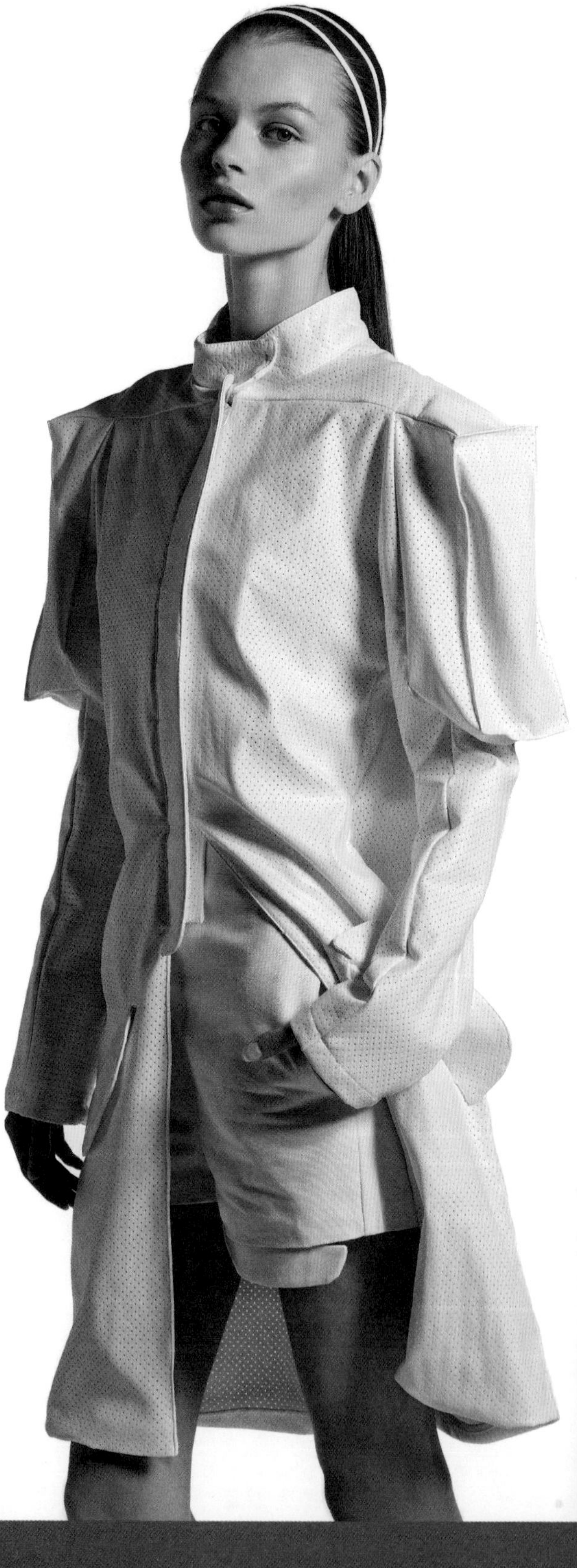

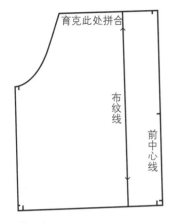

前衣身

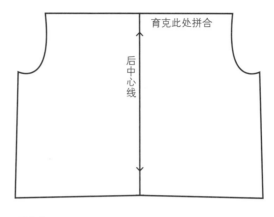

后衣身

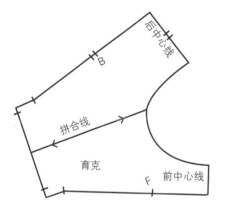

前片和后片在肩部缝合，形成从前片
到后片的育克形式，前身与F线相连，
后身与B线相连

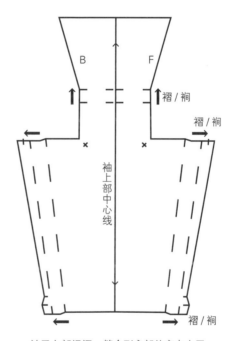

袖子上部捏褶，缝合到肩部的育克末尾

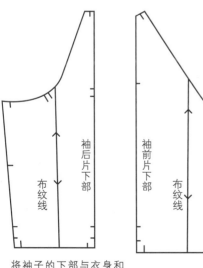

将袖子的下部与衣身和
袖子上部缝合

梯型

3

    梯型廓型是一种宽的直线型或是A型，它在需要的地方适量增加宽松度。面料决定底边增加的展开量。

斯特凡诺·皮拉蒂(Stefano Pilati)
    因为这是伊夫·圣·洛朗(Yves Saint Laurent)的时装，所以我考虑这个廓型。

3

制作梯型廓型

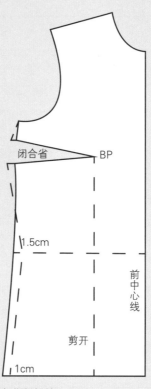

闭合省　　BP

1.5cm

前中心线

剪开

1cm

初期样板前片

闭合省

补充斜线

打开

前中心线

⟨10cm⟩

过程中样板前片

分步讲解

前片

1.拷贝侧缝处有胸省的上衣样板，标记所有相关的省道、腰围线、臀围线。按照要求延长底边长度，且底边与前中线成直角。

提示：本例长度至臀围。

2.先闭合侧缝的胸省。在腰围线往外1.5cm处和底边线往外1cm处做标记点。在腋下点用圆顺的曲线画一条新的侧缝线至新的腰宽点，并用直线连接新的腰宽点和臀宽点。从底边到BP点画一条虚线，依据新的侧缝线裁下样板。

3.剪开底边到BP点的虚线，闭合胸省使底边打开。测量展开的宽度并做好标记，因为后片也要展开相同的量（10cm）。

4.从底边到腋下画一条新的斜线，沿此线剪开在底边处拉展加入4cm的展开量。

5.重新拷贝整个样板，画圆顺底边线并调整底边修改的位置。

6.布纹线：如果衣服的前中心线不破开，布纹线就画在前中心线位置。如果前中心线破开，就要在样板的中间画出布纹线。这样会使展开量分配得更均匀。

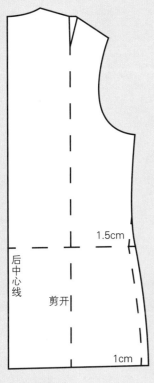

1.5cm

后中心线

剪开

1cm

初期样板后片

闭合部分省

后中心线

补充斜线

打开
<10cm>

过程中样板后片

分步讲解

后片

1.拷贝上衣后片样板，标记所有相关的省道、腰围线、臀围线。按照要求延长底边长度，且底边与后中心线成直角。

2.在腰围线往外1.5cm处和底边线往外1cm处做好标记点。在腋下用平缓的曲线画一条新的侧缝线至新的腰宽点，且将新的腰宽点和臀宽点用直线连接。从底边线到肩省省尖画一条虚线。依据新的侧缝线裁下样板。

3.剪开底边线到省尖尖点的斜线，闭合肩省使得底边展开与前片相同的量（10cm）。从底边线到腋下画一条新的斜线，沿此线剪开，在底边处拉展加入4cm的量。

注：会有部分肩省余量。

4.重新拷贝整个样板，画圆顺底边线并调整底边修改的位置。

5.布纹方向：同前片。

前中心线

补充斜线

4cm

最终样板前片

后中心线

补充斜线

4cm

最终样板后片

沙漏型

3

　　沙漏型是最受欢迎的廓型之一，因为它凸显了女性的曲线体型，而且可以从紧身变化到很有体积感，并凸显臀部。它是一种容易实现的廓型，因为它依赖于人体体型来展现，并且可以在人台上成功地展示。该廓型强调肩部和臀部，造成腰围较小的错觉，所以设计时要考虑相关的比例。

　　像沙漏型这种适体性较好的廓型得益于分割线。分割线可将省道转入缝份线中，因此没有如BP这样的尖点，并可以用曲线使服装表现出较好的合体性。第2章已详细介绍了分割线（参见48～53页）。

　　本案例介绍了从袖窿穿过BP点到前中心线的分割线画法，并将胸省转入分割线中。这样就分割了上衣部分，称为育克。后片的上部分包括直线形育克和肩省。

卡罗琳娜·埃莱拉(Caroline Herrera)
　　设计师的脑海里总有创意的想法，难的是将这些想法变成现实。

廓型设计
直线型
倒三角型
方型
梯型
沙漏型

圆顶型
灯笼型
蚕茧型
气球型
面料、廓型和比例

3

制作有前、后育克的经典沙漏型连衣裙

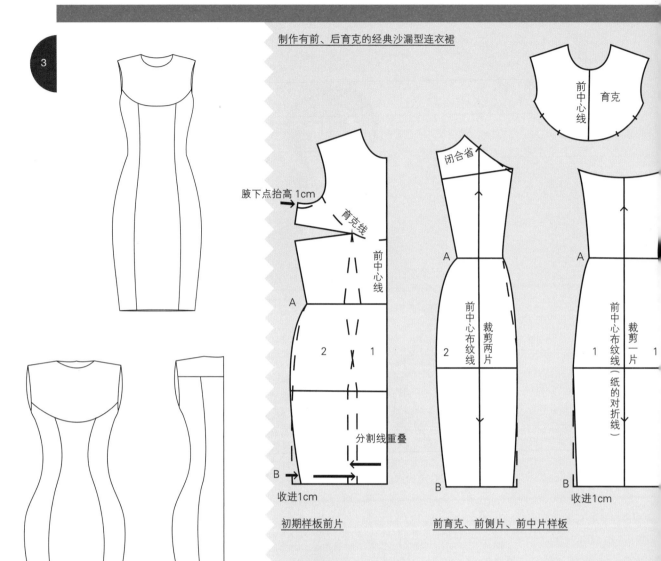

腋下点抬高 1cm

育克线

前中心线

育克

前中心线

A

2   1

分割线重叠

B
收进1cm

初期样板前片

闭合省

A

前中心布纹线

裁剪两片

2

B

前中心线

育克

前中心布纹线（纸的对折线）

裁剪一片

A

1

B
收进1cm

前育克、前侧片、前中片样板

分步讲解

前片

1.拷贝侧缝处有胸省的前片上衣样板，长度延长到底边线。由于是无袖连衣裙，将腋下点抬高1cm。

2.画出新的侧缝线。新的侧缝线从腰围线处开始往外凸出以突显臀部，底边处往里收进1cm。制板工具可以辅助画出合适的曲线。

3.从袖窿开始，通过BP点，与前中心线垂直，画一条弯曲的育克线。在分割前标记对位点。

4.画出衣身分割线，分割线包含腰省、臀围线上增加的宽余量。在两边的缝合线上添加对位点。

分割片

5.裁下育克，把衣片前中心线对位在折叠的纸上，以得到整片样板。

6.拷贝分割部分衣片，画出侧缝线的形状A-B，使臀围外凸且底边向内收进1cm。闭合胸省，将胸省转入育克线中。将育克对称拷贝成一整片样板。

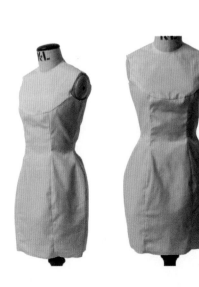

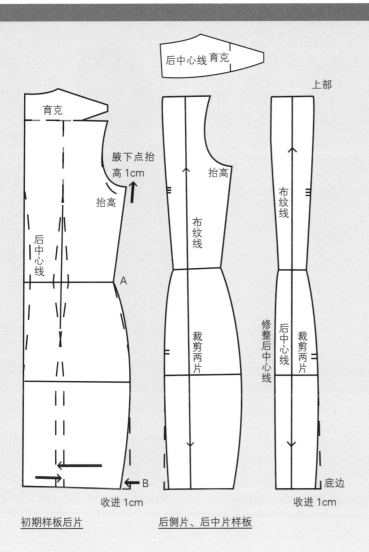

后中心线 育克

育克

腋下点抬高1cm

抬高

后中心线

A

B

收进1cm

初期样板后片

上部

抬高

布纹线

后中心线

裁剪两片

修整后中心线

后中心线

裁剪两片

底边

收进1cm

后侧片、后中片样板

分步讲解

后片

1.拷贝上衣后片样板，延长底边的长度同前片。因为是无袖裙所以将腋下点抬高1cm。

2.画出新的侧缝线，新的侧缝线从腰围线开始往外凸出以突显臀部，底边处往里收1cm。用制板工具辅助画出合适的曲线。

3.画出与后中线成垂直的育克线，经过肩省省尖到袖窿弧线。在两边的缝合线上添加对位点。

4.画出分割线，分割线包含腰省、臀围线上增加的宽余量。在两边缝线上添加对位点。

5.后中心线在腰围线处收进1cm，重画后中心线。

分割片

6.裁下育克。闭合肩省，省尖处用圆顺的线条画顺。

7.拷贝衣片，画出侧缝线的形状A-B，使得臀围外凸且底边向内收1cm。

疑难解答

在育克线下将前片的分割线按缝合时的位置放在一起，然后将育克线和前中心线以及分割线拼缝。如果他们在长度上不相等，分割线的上部就需要减小，此时可以使用滚轮来拷贝正确的线条。

注：在样板中重新画出的正确分割线是实线，原始的线条是虚线。

疑难解答

检查所有形状对称的样板和每一片中重叠部分的长度，例如，翻转前片放置在前中心线上，前中心线应正好穿过样板。按照顺序检查所有的衣片。

【案例研究】
卡沙夫·卡里克（Kashaf Khalique）

在腰围线下放一个圆形的填充物，以达到丰满臀部造型的效果，塑造出沙漏廓型。大的斜向省道消除了臀围处多余的松量，可在人台上试衣时用圆形的填充物进行调整。利用前身的折纸造型将胸省收于其中，将其隐藏起来。

卡沙夫·卡里克设计的这件作品是受迪奥的沙漏型和折纸的启发。

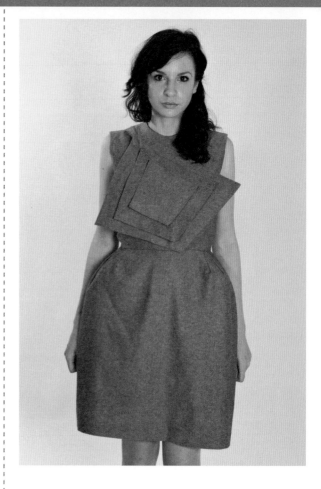

最后的成衣
通过斜向的、大省量的腰省来塑造有夸张臀部的沙漏廓型。臀部廓型有填充物支撑。

整个前片
用从中间辐射的调整角来绘制折纸造型。

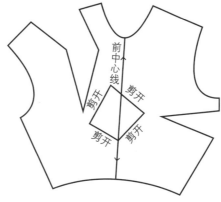

加省

从肩部到BP点画一条新省道，与折纸的上边
角相连，将胸省和腰省转移至这条省道中。
另一侧，剪开侧缝省到BP点，闭合腰省。

折纸

将折纸插片的前中部分拷贝
下来。这部分需要被裁断后
缝合。

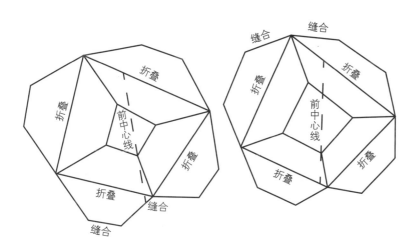

折纸形状

将外延部分翻折到后面，修
剪并缝合，塑造出折纸底边
的形状。

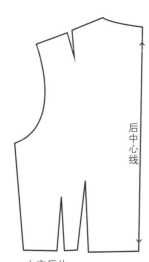

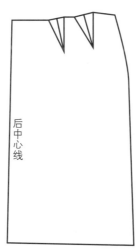

上衣后片

有两个腰省，与裙子的
省道相匹配。

裙子后片

用斜向的、大省量的腰省
来塑造丰满臀部的效果。

裙子前片

同样有斜向的、大省量
的腰省。

圆顶型

3

圆顶型廓型是一种很有建筑感的廓型，用一种强烈的造型环绕肩部并包住手臂。想获得这种廓型，最好使用能保持住这种廓型的面料，柔软、悬垂的面料不适合。手臂被袖子的角度限制，因此需要合适的袖口宽度，需把规格表中的袖口宽度增大。

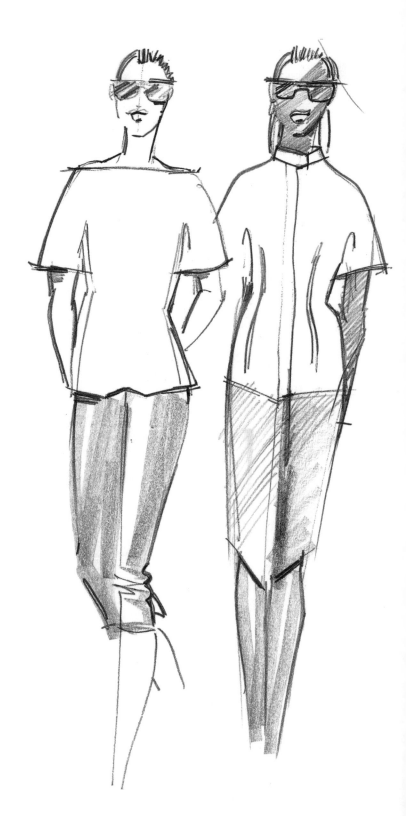

视觉杂志

现代未来主义雕塑和渐变的柔美造型为建筑和时尚提供了灵感。

廓型设计
直线型
倒三角型
方型
梯型
沙漏型

圆顶型
灯笼型
蚕茧型
气球型
面料、廓型和比例

3

制作圆顶型廓型

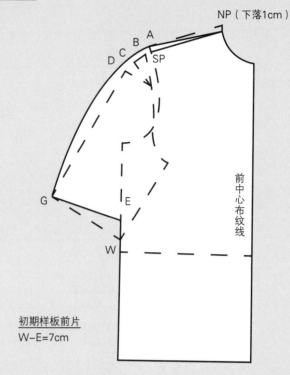

初期样板前片
W–E=7cm

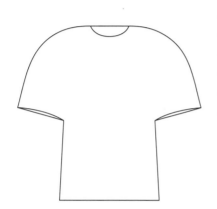

分步讲解

前片

1.拷贝上衣前片样板（从袖窿省到底边），NP点处下落1cm画一条新的肩斜线。这样就把肩线往前移了。

2.拷贝袖片原型，在袖中线的袖山顶点下降4cm处画一条线与其呈直角。从袖中线处剪开袖山弧线。

3.将袖山顶点放在距离肩点1cm处，在距离肩点2cm处打剪口，使袖肘线下降并与衣片侧缝相接（如虚线所示）。

4.SP点抬高1cm（到达原SP点的位置）。腰围线上7cm处作为袖口的位置，定为E点。从NP点经SP点至袖口，画一条圆顺的曲线，并确保袖肥比原型袖肥稍微宽一点。

5.画袖口线，使其与袖中线垂直，并与E点相交。

6.用直线连接E–F点，垂直于前中心布纹线画底边线，完成样板。

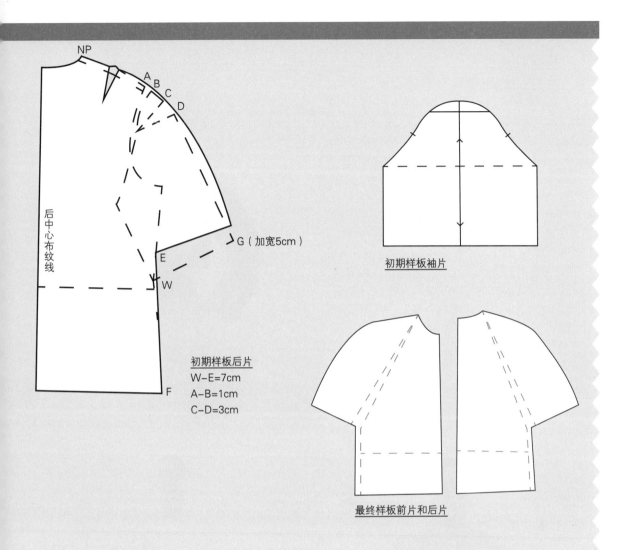

后中心布纹线

G（加宽5cm）

初期样板后片
W-E=7cm
A-B=1cm
C-D=3cm

初期样板袖片

最终样板前片和后片

分步讲解

后片

1. 拷贝上衣后片到底边线（臀部）的长度。将肩斜线向前片移动1cm。

2. 拷贝袖片原型，在袖中线的袖山顶点下降4cm处画一条线与其成直角。从袖中线处剪开袖山弧线。

3. 将袖山顶点放在距离要SP点1cm处，在距离SP点2cm处打剪口，使袖肘线下降并与衣片侧缝相接（如虚线所示）。

4. SP点抬高1cm。腰围线上7cm处作为袖口的位置，定为E点。从肩省经新的SP点至袖口，画一条圆顺的曲线，并确保袖肥比原袖肥稍微宽一点。

5. 画袖口线，使其与袖中线垂直，并与E点相交。

6. 用直线连接E-F点，垂直于后中心线画底边线，完成样板。

疑难解答

为了得到更多的运动松量，将袖缝到NP的线剪切拉展，增加一个宽余量（C-D=3cm），然后再重新画好袖缝线和袖口。前后片都按照这样做。

【案例研究】
安娜·斯密特（Anna Smit）

加里·法·比安米勒（Garry Fabian Miller）是创造"无摄影机式摄影"的艺术家，受其作品的启发，这一系列的时装设计元素全是关于黑色表面的混合光和混合颜色的圆圈。具有强烈冲击力的轮廓和结构是安娜作品的重要元素。这些作品大胆运用了圆顶型，通常只需要一片由省道和折叠构成的样板。服装的印花依据服装的线条，每一件服装的印花都是单独完成的。混合色和混合光都是由黑色构成，这就要利用反光材料，如罗缎、漆皮、尼龙网布。整个作品中使用的水晶般的面料暗藏了奢华的元素，如使用在袖子和底边的边缘，或是使用在定制鞋的方型裁剪边缘中。

"照明"系列最终服装造型

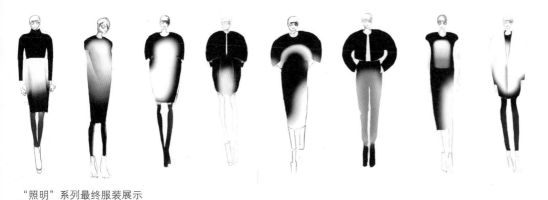

"照明"系列最终服装展示

"照明"系列服装款式图

灯笼型

3

　　灯笼型廓型是在造型需要丰满的地方添加水平缝纫线，添加的位置依据设计而不同，袖子样板的制作也是相同的过程。通过样板的展开和斜线处理来增加灯笼型分割缝的长度，其中面料将决定其效果：硬挺的面料会很直挺，重或软的面料会下垂。过多的分割线展开量会产生波浪或结构的不均衡。

视觉杂志
　　三维轮廓线塑造现代结构形态……用圆型轮廓来塑造臀部曲线和灯笼裙造型。

3

曲线

一凸一凹两条曲
线缝合，塑造出灯笼
廓型。

制作灯笼型廓型

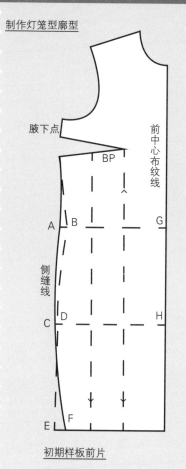

初期样板前片

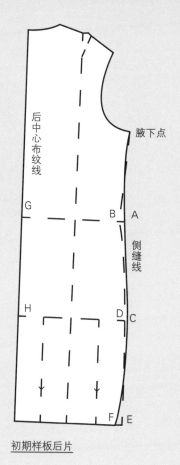

初期样板后片

分步讲解

前片

1.拷贝上衣前片样板，将胸省转入侧缝中，标记所有相关的内容。衣长按照要求延长到需要的长度（腰围线下46cm）。

2.侧缝线：在腰围线处放宽1.5cm（A-B），在臀围线处放宽1cm（C-D），底边线向内收进2cm（E-F）。闭合胸省，用圆顺的曲线从腋下点经过A点、C点到F点画侧缝线，然后重新打开胸省。

3.灯笼线：画一条线垂直于前中心线为灯笼线（G-H=24cm）。从BP点画一条垂直于底边的剪切线。另外画两条到灯笼线的剪切线，在第一条虚线（剪切线）两边且距离相等。在剪开、拉展前要标记出对位点。

在分割出的衣片上添加展开量

4.前片的上部分：从灯笼线往上剪切到BP点，完全闭合胸省以展开底边（10cm）。如果需要，可以使用拉展和分割的方法增加更多的展开量。画一条圆顺的曲线并测量其长度。

5.前片的下部分：三条剪开线都从灯笼线往下剪切到底边。平均打开每部分，使三个部分与前片上部展开长度相同（三个部分展开量分别为3.3cm、3.3cm和3.4cm）。画一条平顺曲线并检查同前片上部缝线长度是否相同。参见103页的图表。

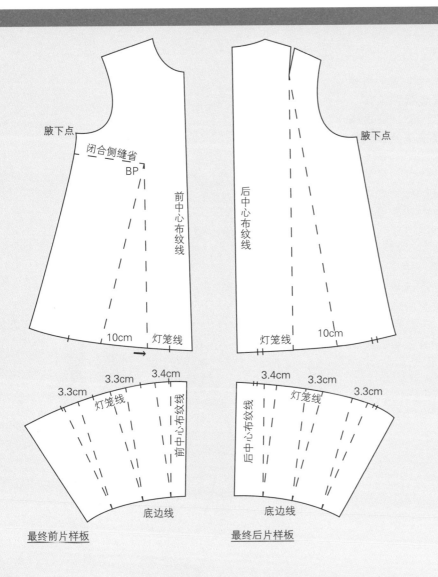

腋下点

闭合侧缝省

BP

前中心布纹线

后中心布纹线

腋下点

10cm　灯笼线

灯笼线　10cm

3.4cm

3.3cm　3.3cm

灯笼线

前中心布纹线

3.4cm　3.3cm

灯笼线

后中心布纹线

3.3cm

底边线

底边线

最终前片样板

最终后片样板

分步讲解

后片

1.拷贝上衣后片样板，衣长延长到所要求的长度（46cm）。标记所有相关的内容。

2.侧缝线：在腰围线处放宽1.5cm（A-B），在臀围线处放宽1cm（C-D），底边线向内收进2cm（E-F）。用圆顺的曲线从腋下点经过A点、C点到F点画侧缝线。重新打开胸省。

3.灯笼线：画一条垂直于后中心线的直线为灯笼线（G-H=24cm）。从BP点画

一条垂直于底边的剪切线。另外在后片的下部画两条到灯笼线的剪切线，在第一条虚线（剪切线）两边且距离相等。使用不同的点标记前后点以利于区分衣片。

4.后片的上部：从灯笼线往上剪切到肩省尖点。完全闭合肩省以打开底边（10cm）。如果需要，可以使用拉展和分割的方法增加更多的展开量。画一条圆顺的曲线并测量其长度。

5.后片的下部：三条

线都从灯笼线向下剪切到底边。平均打开每部分，使三个部分与后片上部展开长度相同（三个部分展开量分别为3.3cm、3.3cm和3.4cm）。画一条平顺曲线并检查同后片上部缝线长度是否相同。

疑难解答

由于服装前身胸省的效果，前片在缝线处的体积量可能看起来比后片要大。为了弥补上差别，后片的体积量可以轻微增大或者减少前片体积量。如果有疑问，可在坯布阶段核对检查。

蚕茧型

3

　　蚕茧型就如同字面上所说的那样，用面料包裹住人体。在底边处（或上部）使用省道、褶裥和折叠来减少面料量是必要的。

　　下面所介绍的案例是基于和服袖，利用底边处的省道来减少并分散人体的体积感。这样制成圆肩线和侧缝线，包裹住人体。这些省道可被缝合的塔克或褶裥代替，并且可在褶裥中加入更大的展开量以得到柔和、丰满的蚕茧廓型。所使用的面料决定了蚕茧型的效果：硬挺的面料将会塑造硬挺的效果，较柔软、较轻薄的面料将会形成扁平的蚕茧型廓型。

视觉杂志

　　柔和光滑的建筑感造型：雕刻感曲线，蚕茧型轮廓，像液体流动似的线条，它是反消瘦风的、时尚的和纯粹的。

3

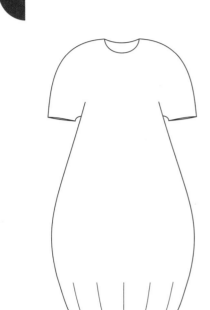

制作蚕茧型廓型

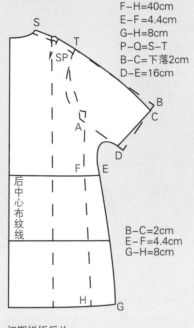

F–H=40cm
E–F=4.4cm
G–H=8cm
P–Q=S–T
B–C=下落2cm
D–E=16cm

B–C=2cm
E–F=4.4cm
G–H=8cm

B–C=2cm
E–F=4.4cm
G–H=8cm
X–Z=8cm

后中心布纹线

臀围线放出1.5cm

剪开并展开

初期样板后片　　　　　　　　　　　最终样板后片

分步讲解

后片

1.拷贝上衣后片样板,延长到底边的长度(腰围线下40cm)。拷贝袖子原型,将袖中线往前片移1cm,沿这条线分开袖片。肩线往上抬高1cm。

采用和服原型的制作方法(参见128~130页)。

2.把袖子定位在SP点和腋下点下落2cm处,侧缝经过A点。画出袖子到肘部的长度(如图中虚线所示)。

3.画一条新的延长的肩线,提高SP点到合适的位置使SP点到C点处能画出一条圆滑的曲线,并过D点作其垂线。

4.加宽腰围线和底边线。

画曲线D–E(16cm),然后用直线连接到G点。画一条弧线与侧缝线垂直并连接到后中心线。测量侧缝线的长度使其与前片侧缝线的长度相同。

制作蚕茧廓型

5.剪出样板。垂直于腰围线到肩省省端画一条直线L–M。闭合肩省以打开底边。

6.底边再扩展出一条底边线来塑造蚕茧廓型的效果,沿着这条线,平均排列分布省道以消除底边多余的量。在本例中,省道深15cm,省道之间的距离是8cm。在侧缝线和后中心线处有半个省量,在样板中总共有两个全省量,在底边处平均分布。

7.画省长到所希望的长度(15cm),保持省中线与底边线垂直。省道可以剪开转变成缝合线,也可以部分缝合、部分作为褶裥。

8.在臀围线处向外放出1.5cm,在底边线处向里收进4cm。从腰围线处开始画一条新的侧缝线,经过臀围线放出1.5cm的点和底边线收进4cm的点,完成样板。

L–X=14cm
L–M=垂直于腰围线
L–O=12cm展开量
X–Z=8cm造型加量
B–Q=S–B
L–M=垂直于腰围线至肩省省端
L–O=12cm展开量
X–Z=8cm造型加量

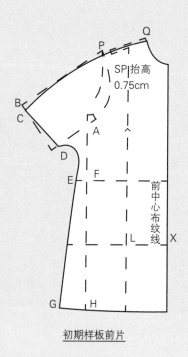

初期样板前片

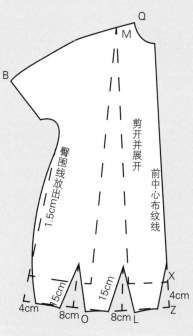

最终样板前片

分步讲解

前片

1.拷贝上衣前片样板，延长到底边的长度（腰围下40cm）。把肩线加宽一个后片肩省的宽度，这样前、后片的肩线长度就相等了。将SP点抬高0.75cm。拷贝袖子原型，将袖中线往前片移1cm，沿这条线分割袖片，并将肩线往上抬高1cm。采用和服原型的制作方法。

2.把袖子定位在SP点和腋下点下落2cm处，侧缝经过A点。画出袖子到肘部的长度（如图中虚线所示）。

3.画一条新的延长的肩线，提高SP点到合适的位置使得SP点到C点能画出一条圆滑的曲线，并过D点作其垂线。

4.加宽腰围线和底边线。画曲线D–E（16cm），然后用直线连接到G点。画一条弧线与侧缝线垂直并连接到前中心线。测量侧缝线的长度使其与后片相同。

注：从腰围线到袖口的长度必须和后片的一样长（16cm），并根据需要进行调整。如果前、后片弧线角度不同，则前、后片的弧线形状也不同。如果弧线长度匹配时有困难，可以根据前片的弧线修改后片，或根据后片修改前片。

制作蚕茧型廓型

5.剪出样板。垂直于腰围线画一条直线L–M。从L点剪开此线并展开底边。

6.底边再扩展出一条底边线来塑造蚕茧廓型的效果。沿着这条线，平均排列分布省道以消除底边多余的量。在本例中，省道深15cm，省道之间的距离是8cm。在侧缝线和前中心线处有半个省量，在样板中总共有两个全省量，在底边平均分布。

7.画省长到所希望的长度（15cm），保持省中线与底边线垂直。省道可以剪开转变成缝合线，也可以部分缝合部分作为褶裥。

8.从腰围线处开始画一条新的侧缝线，经过臀围线放出1.5cm的点和底边线收进4cm的点，完成样板。

注：可以拷贝后片的侧缝线，以保证前、后侧缝线形状相同。可以使用灯箱或将样板放在另一片纸上用滚轮拷贝。

气球型

3

气球型廓型在20世纪80年代很受欢迎，尽管追逐宽松是那个时代的潮流，气球型廓型依然多次复兴。气球型廓型可以应用在人体的很多部位，而不仅仅是作为整体的廓型，比如可以应用于袖子的下半部分。通常情况下，要塑造裙装的气球型廓型，需要里料和衬料来支撑面料的造型，以下材料有助于塑造有体积感的气球型廓型。上部的气球型廓型可以通过一些辅助材料来形成碎褶，如松紧带、细绳带、克夫、黏合剂等，因此不需要里料或衬料。

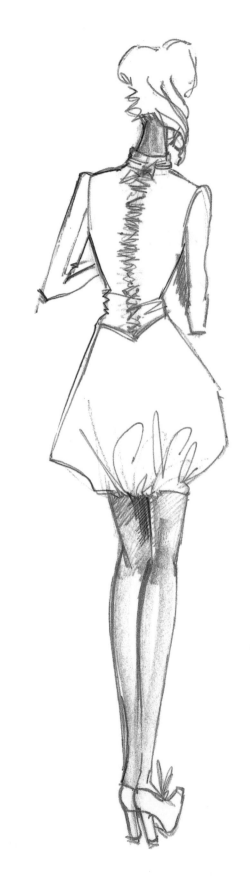

弗里达·贾娜妮（Frida Giannini）
时尚是今天高、低技术之间的平衡状态。

3

气球型裙子

　　这件裙子的体积感是用圆来创造的，采用一种很简单的方法，在底边处引入两条缝线以生成大量空间体积感。腰围仍是原来的尺寸，底边膨胀并有很多碎褶（或是褶裥，可按照你所期望的外观）。为了得到理想的效果，应充分考虑到面料特性：硬挺的面料比柔软或厚重的面料更能突显气球型。

　　半径=周长/6.28

确定腰围线

　　为了画腰围线，首先要确定半径，是通过周长除以6.28计算得到。比如，68cm腰围的半径是68/6.28=10.8cm，用此半径画腰围线的圆。

加入碎褶

　　如果要在腰围处加入碎褶，可通过测试加入量来计算面料的褶裥。一般是以两倍的量生成碎褶，因此如果围长的量是136cm，那么半径就是21.6cm。

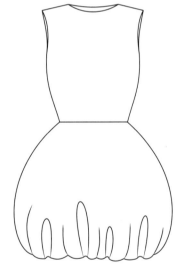

制作气球型廓型

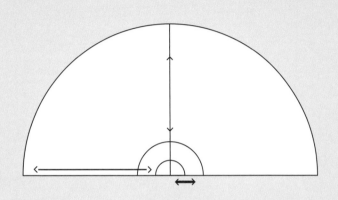

侧缝线

裙长

以21.6cm为半径作半圆裙或在腰围线处袖褶

以10.8cm为半径画腰围线

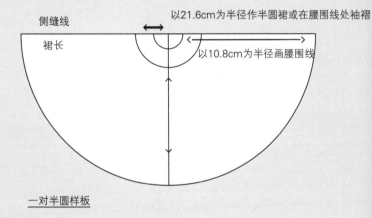

一对半圆样板

分步讲解

裙面

　　1.前片和后片：以10.8cm为半径画腰围线的圆。

　　注：从侧缝处开始画半径，在纸张的边缘留足侧缝的缝份量。

　　2.从腰围线的圆形处开始测量裙子的长度，多画出6cm用以将面料翻进到里料。

　　3.用圆顺的弧线画底边线，并与裙子长度的测量点连接。

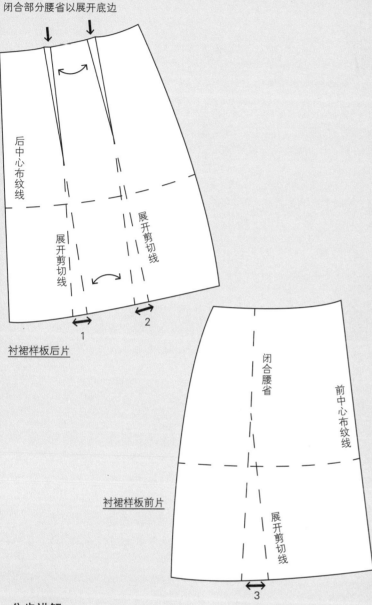

闭合部分腰省以展开底边

后中心布纹线

展开剪切线

展开剪切线

衬裙样板后片

1

2

闭合腰省

前中心布纹线

展开剪切线

衬裙样板前片

3

里料（衬裙）

为了形成"气球"的廓型，里料必须要比成型的裙底边短（有碎褶的裙底边要缝合起来），它使面料在实际裙底边宽的基础上形成褶。因此，要计算形成"气球"廓型所需要的量，以及裙面和里料之间的差量。裙面要比里料长，但过长就会因为重力而下垂，导致失去气球的廓型。

面料宽

由于纸张和面料的宽度限制，你很可能要将样板和服装做成两个半圆而不是一个完整的圆形，但是它们的半径是相同的。

分步讲解

里料（衬裙）

1.拷贝裙子前、后片样板，标记所有相关的信息。里料的长度要短，这个量是裙子上部的下摆展开量的一半，例如，裙子上部展了6cm，那么里料就要比它短3cm。这在试衣时可能要进行修改。

2.前、后片分别做出从省尖点到垂直于底边的剪切线。

3.前片：将剪切线剪到省尖点并拉展，以使腰省完全闭合，这将会增大底边。

注：如果不想增大底边过多，只打开到你想要的量，剩余腰省量仍处理为腰省。

4.后片：打开剪切线，闭合等量的省量以使得两条剪切线展开量之和与前片展开量相同，保证前、后片平衡。通常，这里会留一些省量在后片腰围处。

5.检查底边宽，以确保裙子上部有足够的抽褶量。如果没有，就要减少底边宽。

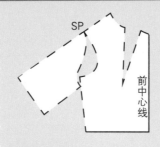

基本和服样板

气球型上衣

3

　　此例依据了和服的原型（参见128～130页），其将袖片在SP点处与衣身相拼。为了塑造气球的造型，领部有小碎褶，袖口和底边处有更多，和服袖或蝙蝠袖长至肘线。

蝙蝠袖

　　准备阶段的样板也可以当作蝙蝠袖的原型样板。

过程样板前片

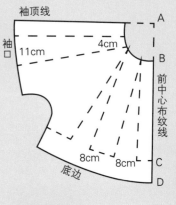

最终样板前片
A–B = 7cm
C–D = 8cm

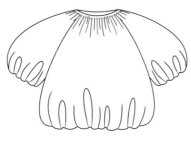

分步讲解

气球型上衣

　　准备：根据和服原型袖的介绍，准备前、后片，创建基本型样板。

　　注：胸省转移到领部，以生成一些小的碎褶。

前片

　　1.在基本和服样板的基础上绘制腋下缝和袖长（40cm）。从领口到底边画至少两条与前中不平行的剪切线，它们从领口往侧缝倾斜。与袖顶线平衡，从腕部到领口至少画一条剪切线，剪开样板，展开松量。

　　2.在新的纸上画两条相互垂直的线作为前中心线和袖顶线。纸必须足够长，使可以在新的样板上增加长度和宽度（各大约58cm）。

　　3.创造体积感：距离顶点大约7cm处画领口线，据此放置样板的前中线（A–B）。沿衣身部分，将从底边到领口距离最近的线剪开，衣袖部分从袖口领口剪开。

　　4.在衣身的底边处展开8cm，袖子部分在领口处展开4cm，袖口展开11cm。袖顶线应该近似垂直于前中心线，以使得整片样板打开呈1/4圆形。

　　5.在底边线增加额外的长度（C–D=8cm）用以在抽褶时型成气球的造型。用圆顺的曲线画领口线和底边线。这些线都将适当地抽褶。

前中心线

和服样板基本型

前中心线

过程样板后片

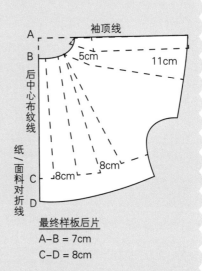

袖顶线

A
B
5cm
11cm
后中心布纹线
纸／面料对折线
8cm
8cm
C
8cm
D

最终样板后片
A−B = 7cm
C−D = 8cm

后片

6.在和服样板基本型的基础上绘制腋下缝和袖长（40cm）。确保前、后侧缝线的长度匹配。

从领口到底边画至少两条与后中心线不平行的剪切线，它们从领口往侧缝倾斜。按袖顶线的斜度，从腕部到领口至少画一条剪切线。剪开纸样，闭合肩省，从而使肩斜线弯曲。

7.在新的纸上画两条相互垂直的线作为后中心线和袖顶线。纸必须足够长，使可以在新的样板增加长度和宽度（各大约58cm）。

8.创造体积感：距离顶点大约7cm处画领围线，据此放置样板的前中线（A−B）。衣身部分从底边到领口剪开，衣袖部分从袖口至领口剪开。

9.在衣身的底边处展开8cm，袖子剪切线在领口处展开5cm，袖口展开11cm。袖顶线应该近似垂直于后中线，以使整片样板打开呈1/4圆形。在闭合省道时忽视袖子的弯度，保持直线。

10.在底边增加额外的长度（C−D=8cm）用以在抽褶时形成气球的造型。用圆顺的曲线画领口线和底边线。这些线都将适当抽褶。

面料、廓型和比例

3

    面料的选择和展现是决定设计廓型和美感的基础。一套服装板型的裁剪和制作用不同密度和性能的面料将会呈现出不同的效果，所以在裁剪板型之前必须考虑到这一点。

    已经变得流行的织物如氯丁橡胶（Scuba）和空气感面料，由于其特性而被用于塑造特定的廓型和样板。它们还允许增加比例关系，因为它们可通过其刚性结构保持形状。样板需要考虑面料的刚度或体积，例如，为了避免过于复杂的缝线或省道。

    这些新的轻型面料可以做到让廓型远离身体，这提供给设计师一个机会，即可以塑造远离身体的廓型，而不会因为面料的重力而产生拉拽。不同的比例也可以出于同样的原因进行塑造，因为廓型不需要底层结构做支撑。

托马斯·德林（Thomas Deering）
空气感面料已被用于塑造面料的个性化外观。面料的复杂结构允许强烈的形状在没有支撑的情况下延伸到身体之外，从而实现夸张的比例。

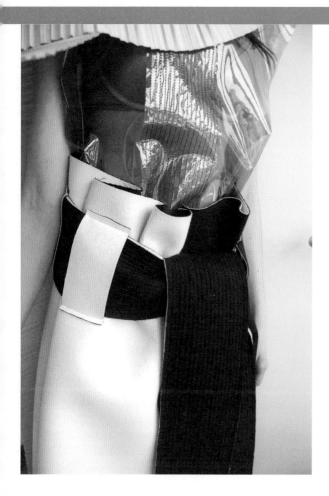

马格达莱娜·扎尼卡（Magdalena Czarniecka）
氯丁橡胶裙子——升级细节可以创造强烈的设计特征。

汉娜·休斯（Hannah Hughes）
采用保持形状的黏合织物创造强烈的设计图案和廓型。

4

袖子、领子和波浪领

设计是由一系列元素所定义的：整体廓型、体型、合体度、衣身平衡，肩部、领子和袖克夫的比例，口袋等细节，以及面料颜色、质地等。

肩的比例、臀的宽度、袖窿的大小和形状、口袋的位置等，正是这些元素反映了时尚的变化。本章将探索袖子、领子和下摆的原理，并提供制作复杂样板的例子。

4

118 袖子、领子
和波浪领

袖子样板基础
圆装袖
连身袖
袖克夫
领子样板基础

一片领
两片领
连身领和领口线
标准翻折领
波浪领和荷叶边

袖子样板基础

4

　　即使没有其他的设计特点，独特的袖子设计也可以使得一件服装看起来很特殊。袖子是样板制作中很重要的一部分，制板师必须对这个敏感——毕竟，准确的袖长和肩斜线的角度是由设计师每一季的设计手稿决定的。制板师还必须考虑最好的板型、体型和袖子的合体度来表现设计。肩部和袖子之间有着直接的关系，在绘制样板时必须充分考虑。

　　袖子的历史可以追溯到它和衣身的关系，二者的结合产生廓型。例如，18世纪出现的短泡泡袖离开肩部，19世纪经常出现的维多利亚羊腿袖却插入肩部。袖子可以表现社会和文化的行为和变化，甚至追随这种变化趋势。例如，20世纪40年代出现的带垫肩的肩部造型，表现了战争中女性的男性化角色；20世纪80年代，宽肩造型的出现表达了女性正进入以男性为主导的职场。

　　本章根据设计图展示了一些袖子的例子，介绍了增加展开量和体积感的技巧，以及为了合体或造型而引入分割线来改变袖子形状（在这本书的其他章节也有涉及）。

薇薇安·韦斯特伍德（Vivienne
Westwood）

　　时尚是非常重要的，它是对人生的提升，并且像给你带来乐趣的一切事情一样，值得做好。

左图
亚历山大·麦昆 2010年春夏
一个有趣的袖子可将最简单的款
式变得与众不同。

圆装袖

4

根据袖窿的尺寸和深度来绘制袖子原型，袖山高是随衣身原型变化而变化的（例如，合体的衣身松量更小，袖窿线上移）。依据威尼弗雷德·奥尔德里奇的原理制作的原型，介绍了合体服装在袖山处的吃势问题。在袖山处减小袖肥使得袖子更加合体，同时提高袖窿线也有助于在静止状态下增加合体性。下面几页将介绍圆装袖的基本变化。

较合体袖

宽松的袖子使手肘能随意活动。如果袖子的袖肥减少，将影响活动。袖身形状需要依据手臂的形状而定，这要通过在肘部设置省道来实现。

较合体袖

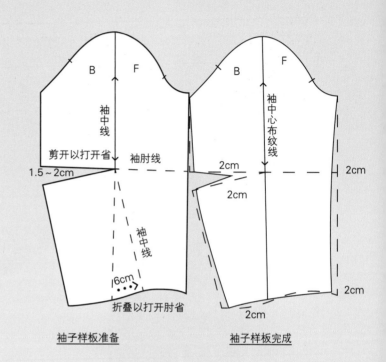

袖子样板准备   袖子样板完成

分步讲解

1. 拷贝袖子基本原型，标记出所有相关的线和对位点，剪开。

2. 在袖子后部，沿着袖肘线剪开到袖中线，在袖肘到袖口处折叠出一个省，使袖肘线处拉展6cm。

3. 在袖子前部，在袖肘线和袖口各往里2cm处作标记点。通过腋下点到标记点画一条曲线使前袖缝更加合体。

4. 在袖子后部，在袖肘省道的两边以及袖口往里2cm处作标记点，像前袖缝一样从腋下点通过这些标记点画曲线。

5. 在省道打开位置范围内做一个更短的省道（长度大约是到中线距离的一半）。

6. 用曲线连接新的袖口点，与袖缝成直角。

合体袖

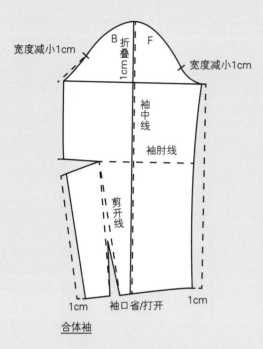

宽度减小1cm

B 折叠 F
1cm

宽度减小1cm

袖中线

袖肘线

剪开线

1cm   袖口省/打开   1cm

合体袖

合体袖

　　这个袖型结构要求袖片的宽度在两边侧缝处各减小1cm，袖宽也减少对应的尺寸，使得在袖山处的吃势减小甚至没有。这里引入了一个袖口省来减小袖口宽度——同时这个省道也可以作为开口。

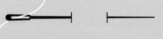

疑难解答

　　如有需要，可以进一步剪短袖长。为了使袖子的形状更符合手臂的形态就需要增加省量。首先，通过剪开袖肘线增大袖肘省，闭合袖口省减小袖口的宽度。不要闭合得太多，只要稍微增加袖口省或开口的尺寸就好。

分步讲解

　　1.拷贝较合体袖子样板，标记出所有相关的线和对位点，或者依据绘制较合体袖的步骤来绘制其结构图，剪开。

　　2.沿着中心线折叠1cm，以减小袖山弧线的吃势（袖肥的两边各减小0.5cm）。

　　3.将较合体袖样板的前部袖缝线向袖中心平行移动1cm来减小袖肥。

　　4.将较合体袖样板的后部袖缝线向袖中心平行移动1cm来减小袖肥。

　　5.在袖子后部设置一个省道来减小袖口尺寸，省道的两边平行于袖缝线，省尖点与袖肘省尖点相交。重新画好袖口省，其省长约13cm。

　　6.必要的时候闭合袖肘省，画圆顺袖缝线。闭合袖口省，画圆顺袖口省缝合后的袖口曲线。

4

衬衫袖

　　此袖型要保持袖肥不变，增加袖子的长度作为悬垂量，或者减短袖长，增加袖克夫的宽度。袖口多余的量可以在袖克夫处抽褶或做褶裥。在袖子的后开口处有袖衩。

衬衫袖

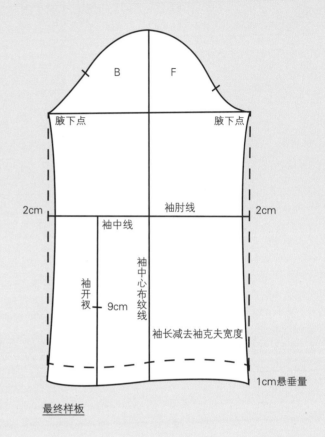

最终样板

分步讲解

　　1.拷贝与你制作的衣身相配的基本袖原型，标记所有相关的线和对位点。

　　2.沿着袖肘线向里2cm处作标记点，分别用曲线连接腋下点、袖肘点和袖口点为前、后袖缝线。也可以通过对叠样板描出另一侧的曲线，腋下点和袖口点要对齐。

　　3.在袖子后部，从后肘线一半处向下画垂直线到袖口线。也可以通过折叠纸使袖缝线和袖中心重合来完成。折痕只取一半。

　　4.在该线上取袖开衩，从袖口向上9cm处作标记。

　　5.如果在袖口增加褶裥，可根据袖克夫的宽度绘制褶裥量。画出将褶裥折叠后的袖口线，并画出褶裥形式。

　　6.如果减少袖克夫的宽度，仍然保留至少1cm的悬垂量。

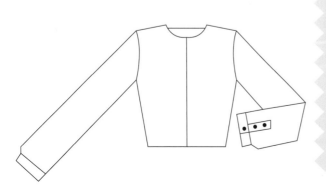

塑造方型肩和增加袖山高度

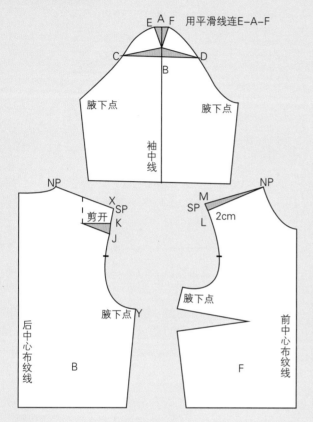

E A F　用平滑线连E–A–F

C　　D

B

腋下点　　　腋下点

袖中线

NP　　　　　NP

X SP　　M
剪开　　SP　　2cm
K　　　L

J

后中心布纹线　　　前中心布纹线

B　　　F

腋下点 Y

腋下点

最终样板
E–F =J–K 和 L–M
J–K = L–M

塑造方型肩和增加袖山高度

　　垫肩能够提高肩斜线或者使肩部呈方型，这样不仅能创造出方型的肩部廓型，而且能防止衣服从肩部垂下时的"牵拉"。消除影响肩斜线的后肩省。在抬高肩斜线和袖山高前，应该先知道垫肩的厚度，即垫肩要符合造型需要的形状和尺寸。

分步讲解

　　1.后片原型：从肩胛省尖画一条到袖窿弧线大致的垂直线，从袖窿弧线处沿该线剪开到省尖，闭合肩胛省，将其转移到袖窿处。这样就会抬高SP点，然后从SP点处重新用曲线圆顺袖窿弧线。

　　2.前片原型：如果胸省在肩部，就要将其转移到其他位置。按照测量出的后袖窿省的量抬高SP点，从该点到NP点画出前片新的肩线。如果垫肩的厚度大于或小于肩部抬高的高度，则要对应地增加或降低肩点的高度，使肩部抬高的高度符合垫肩的厚度。

　　3.袖子：拷贝基本袖原型，标记所有相关的线和对位点。从袖中线向下大约6cm处向两边画水平线并交于两侧袖山弧线。

　　4.从袖山弧线沿着袖中线剪开到6cm处，然后沿着两边的水平线剪开，但不剪断。将剪开的这两片沿着袖中线向上展开。向上展开的量应该和前、后片原型上肩部上提的高度一致，然后画出新的袖山弧线。检查袖窿弧线的长度和袖山弧线的长度是否匹配，加上松量或者不加松量。如果有的话，羊毛面料可缝缩较大的吃势，而棉织物则不需要这么大的吃势。

4

方型肩和袖缝

　　本例在袖山弧线处有一条分割缝，使得肩部更方，该缝使得肩部的扩展量更可控。在袖子上增加分割缝可以创造一系列设计，如吊带袖。在20世纪40年代，方型肩非常流行，20世纪80年代的肩部造型则更加夸张。方型肩造型可以塑造出典型的倒三角式服装造型。

方型肩和袖缝

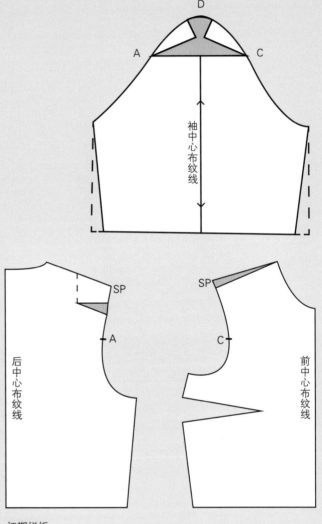

初期样板

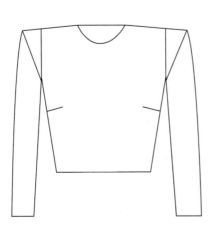

分步讲解

　　1.准备衣身和袖子原型作为方型肩和抬高袖山的基本样板。前、后片袖窿弧线从SP点下降7cm处标记A点和C点为扩展肩部的交点。最好将样板挂在人台上，这有助于你知道其准确的位置。将A点和C点对应到袖山弧线上。

　　2.沿着袖中线确定你想延伸的肩线（D−B=6cm）。从A点到B点（在中心线上）到C点画一条曲线。在这条线上标记对位点。

　　3.袖山：将袖山部分拷贝下来，并标记好对位点。沿着A−B−C剪开，并沿着袖中线到袖山线A−D−C的剪切线展开。

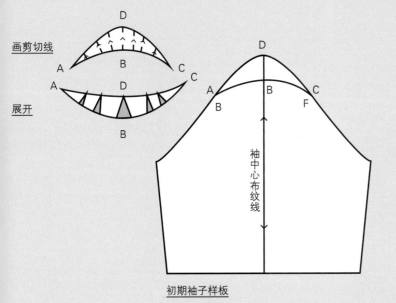

画剪切线

展开

袖中心布纹线

初期袖子样板

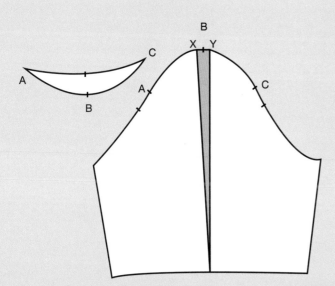

最终袖子样板

分割缝长度

分割缝的长度是依据肩部的方型程度而确定的，SP点上抬得越高，分割缝将会越长。

4.从袖山弧线到A-B-C画剪切线，并沿这些线剪开，但不剪断。在中心线两边的剪切线中展开等量的宽度，袖中线剪切线的拉展量最大，这样就可以修正上、下缝线的形状。现在，曲线A-B-C呈反向曲度，将根据外观来调整。

5.袖子：在剩余的袖子上，沿着袖中线剪开到袖肘线或到袖口处，将袖山弧线展开2.25cm（X-Y=2.5cm），使得袖山弧线与曲线A-B-C的长度一致。

126　　**袖子、领子**
　　　　和波浪领

袖子样板基础　　　　一片领
圆装袖　　　　　　　两片领
连身袖　　　　　　连身领和领口线
袖克夫　　　　　　　标准翻折领
领子样板基础　　　　波浪领和荷叶边

连身袖

4

　　连身袖是指部分衣身连接在袖子上或者袖子作为整个衣身的一部分。

基本插肩袖

　　插肩袖与圆装袖的区别是部分衣身是连在袖子上的，并考虑到肩的角度问题。这将会使得袖缝线斜着穿过衣身到达颈部，但是腋下保持正常。插肩线最好是将样板挂在人台上画出来，且它应该是曲线，同时你能够立即看出这条线的位置是不是你所需要的。

　　要保持肩部的角度一致，但是这个角度可以发生改变，比如为了增加垫肩而提高SP点的位置。画肩线时要从后片到前片，这样肩线看起来就圆顺些。

　　当衣袖上部有袖中缝时，它能改变下部整个袖子的形状，从直到弯。这将会增加袖子的宽度。上部有分割缝时，可能会改变腋下缝。可以将腋下缝拼在一起形成一片样板。

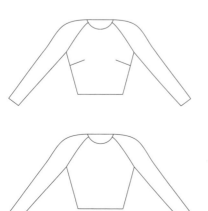

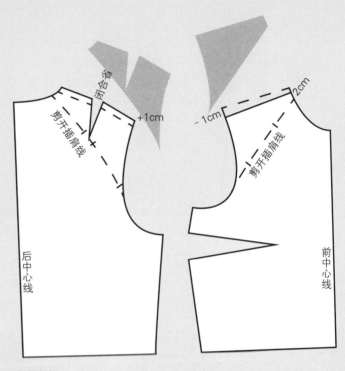

基本插肩袖

初期样板

分步讲解

前片

　　1.将胸省转移到侧缝处，或者转移到肩部和领口以外的其他任何部位。

　　2.在原型样板上将肩斜线向前片移动1cm。

　　3.从袖窿的对位点到领口线（距离新的肩斜线2cm）画一条平缓的曲线。这条线最好在人台或人体上进行绘制，但不是必须的要求。在这条线上标记出对位点。

　　4.将袖这部分从衣身上剪切下来，对位到袖子中。下方的衣身线可以稍稍调整形状除去一些余量，但要在确保合体的前提条件下才能实施。

后片

　　1.将肩斜线向上抬高1cm，并保证肩斜线的长度不变。

　　2.与前片相似，从袖窿的对位点到颈口线画一条平缓的曲线，经过或靠近后肩部的省尖，在这条线上标记对位点。

　　3.将袖这部分从衣身上剪切下来，对位到袖子中。下方的衣身线可以稍稍调整形状除去一些余量，但要在确保合体的前提条件下才能实施。

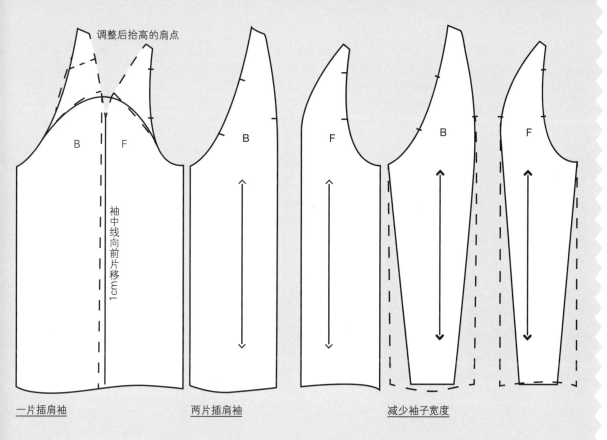

一片插肩袖　　　两片插肩袖　　　减少袖子宽度

减小袖口和袖子的宽度

袖口宽度应根据设计尺寸，把宽度减小一个差量。腋下袖缝线减小的量要大于袖中线的减小量（如图所示），要使袖口呈直线，以便前、后袖口在同一水平线上。

制作一个两片袖

拷贝一片插肩袖的样板，对应画出所有的对位点和中心线。将前袖片和后袖片剪开，并保证肩部的形态圆顺。

袖子

1.拷贝袖子基本样板，画出袖中线。将袖中线向前袖移动1cm，并将其延长到袖山弧线。

2.将部分前衣身贴在袖子靠近腋下的对位点上，使得袖窿弧线接触到前袖中线附近的袖山弧线。这通常意味着将SP点抬高到袖山高点以上，这样做是没问题的，因为线的形状也并不是完全匹配的。

3.调整肩省尖点到插肩线上（如果还没有这样做），并闭合省道。

4.像前衣身一样，将部分后衣身对位在袖山弧线上，确保SP点在袖山弧线上保持同一水平位置。

5.将袖子增加的衣身部分用曲线画圆顺，使得肩部省道闭合后的曲线和肩部的形状刚好在袖山弧线处匹配。对应画出所有对位点。

4

基本和服袖

　　在这个样板中，袖子完全并入衣身，成为衣身的一部分。袖子的角度和袖深由设计而定，但是制图过程是一样的。这里用两个例子说明不同角度袖子位置的不同。必须指出的是，袖子向衣身倾斜的角度越小，手臂的活动性也越小。衣袖插片——菱形或者U形的插片将会插入腋下曲线最紧的位置，这样将会增加额外的长度，并增加活动量，但这个活动量是有限的。如果袖子与衣身的角度太斜，达到一个临界值，袖子就不能再移动了，所以需要将袖子与衣身分开转化为原身出袖，使袖子的上部和衣身连在一起，袖子的下部与衣身独立开来。

基本和服袖

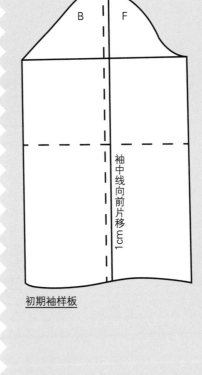

初期袖样板

前衣身原型

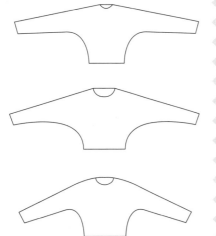

因肩线向衣身的倾斜度不同，使得和服袖产生多种变化。

分步讲解

　　1.拷贝基本袖原型，标记出对位点和袖中线。将袖中线向前片偏移1cm，沿着新的袖中线将前后部分剪开。

　　2.拷贝前衣身原型，将省道转移到袖窿处。将肩线平行向前片移1cm，即前肩线去除1cm。

　　3.拷贝后衣身原型，将肩省转移到袖窿处。将肩线平行上移1cm，即后片增加1cm，前片减1cm。

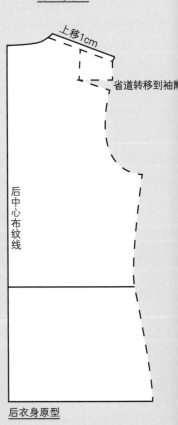

后衣身原型

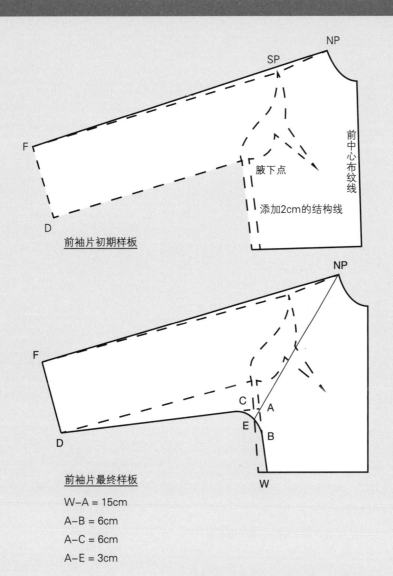

前袖片初期样板

前中心布纹线

腋下点

添加2cm的结构线

NP

SP

F

D

NP

F

C
A

E
B

D

W

前袖片最终样板

W–A = 15cm

A–B = 6cm

A–C = 6cm

A–E = 3cm

前片

1.画一条距离侧缝2cm的平行结构线。

2.将前片的SP点与袖山弧线顶点对应，腋下点交在新画的扩展的侧缝线上。

3.从A点（腰围线上15cm）画一条结构线到袖口（D点）。

4.标记B、C两点，使得A–B=A–C=6cm，这个是腋下弧线的参考线。从NP点通过A点画一条新的结构线，延长到结构侧缝线交于E点（A–E=3cm）。

5.用直线连接NP点和F点，并画直线连接F点和D点，由C点通过E点到B点画圆滑的曲线，然后用直线沿着原来的侧缝连接到腰围线，将样板完成。

4

基本和服袖（续）

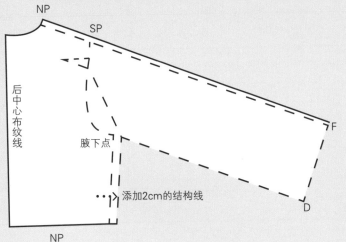

后袖片初期样板

后袖片最终样板

调整袖子的宽度

用相同的方法、不同的尺寸画出新的袖底缝线来调节袖口的宽度。

后片

1. 画一条距离侧缝线2cm的平行结构线。

2. 将后片的SP点与袖山弧线顶点对应，腋下点交于延伸的结构线上（NP点到F点是直线）。

3. 从A点（腰围线上15cm）画一条结构线到袖口（D点）。

4. 标记B、C两点，使得A–B=A–C=6cm，这个是腋下弧线的参考线。从NP点通过A点画一条新的结构线延长到结构侧缝线交于E点（A–E=3cm）。

5. 画袖缝线用直线连接D点到C点，由C点通过E点到B点画圆滑的曲线，然后用直线沿着原来的侧缝线连接到腰围线，将样板完成。

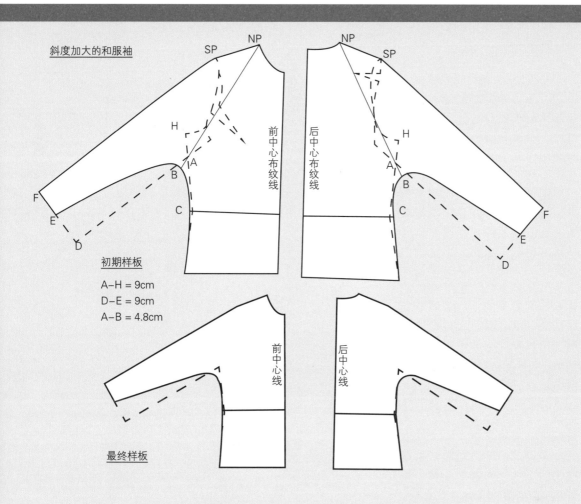

斜度加大的和服袖

NP SP

H

A

B

F

E

D

前中心布纹线

NP SP

后中心布纹线

H

A

B

C

F

E

D

初期样板

A–H = 9cm

D–E = 9cm

A–B = 4.8cm

前中心线

后中心线

最终样板

分步讲解

1.为和服袖准备前、后衣身原型和袖原型。

2.将前袖片的袖山弧线顶点对应SP点，并且向衣身旋转袖子，使袖缝与衣身侧缝重合在H点沿衣身侧缝向下9cm A点处（A–H=9cm）。袖子向衣身旋转得越多，与衣身重叠的部分就越多，运动性就越差。画一条临时的线标记袖子（A–D）。

3.从NP点开始画一条斜的结构线到袖缝与衣身侧缝交于A点，从A点延长5cm到B点。

4.从袖子侧缝处减小袖口的宽度（D–E=9cm）。用曲线板画袖缝曲线，从E点开始，通过B点，到腰围线C点或到底边处画一条曲线，这条曲线的曲度是由袖的宽度控制的，测量E–B、B–C，它们的长度必须使前、后片匹配。

5.画袖肩线，从NP点开始通过SP点到袖口F点，将其肩部稍微抹圆，使袖肩线画圆顺。

6.在后片重复这个过程，拷贝前片的曲线C–B、B–E以及袖肩线NP–SP–F。这样就能使得前、后袖片的长度和形状一样。

7.检查线条的长度并修正线条，必要的时候要改变线条的角度。在两边的袖底缝曲线上做好对位点，特别是曲率变化大的腋下部分。

原身出袖

　　这种袖子属于连身袖的一种，袖子和衣身连成一片。原身出袖的构成方法与和服袖相似，且两者特性相近。比如两款袖子从肩处垂下的倾斜角度对合体度以及外观的影响一致。相比传统和服袖而言，原身出袖的一个好处是，其能够做出修身的效果，同时对人体活动的限制也更小。这是因为原身出袖的袖底和衣身侧面部位是分离开来的，腋下部位的结构与圆装袖的结构相同。通过这些线缝，原身出袖能够更好地把控服装的造型以及合体度，甚至能够改变布纹线——如斜裁。

　　原身出袖在1950年代非常流行，人们用原身出袖的结构原理来打造斜肩造型以及其他的一些设计细节，同时这种原理也给下半身的波浪造型（特别是"swing"造型）提供了一种可行的方法。原身出袖的结构处理方法使其看起来有高级时装的感觉，在设计上，这种袖子也兼具了合体度、造型和细节感的特点。

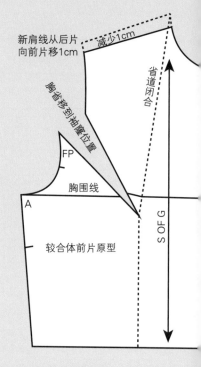

原身出袖

新肩线从后片
向前片移1cm
减少1cm
省道闭合
胸省移到袖窿位置
FP
胸围线
A
S OF G
较合体前片原型

前衣身原型准备

分步讲解

准备原型

　　1.与和服袖的原型一样，将胸省转移到袖窿的一半处。

　　2.画一条新的肩斜线并将其向前片移1cm。

　　3.将袖中线前移1cm来对齐肩线。

新肩线向前片移动1cm
增加
1cm
BP
S OF G
后中心线
A
较合体后片原型

后衣身原型准备

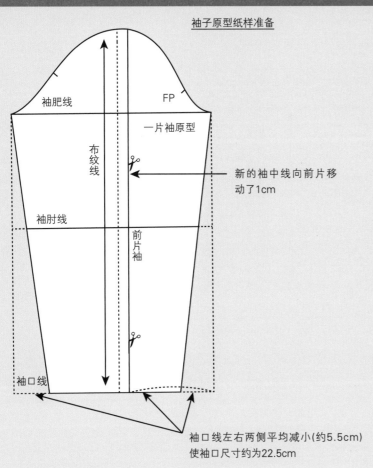

袖子原型纸样准备

袖肥线　　　　FP

一片袖原型

布纹线

新的袖中线向前片移
动了1cm

袖肘线　　　　前片袖

袖口线

袖口线左右两侧平均减小(约5.5cm)
使袖口尺寸约为22.5cm

4.减小前后片袖口线处的袖口宽度，重新画腋下袖缝线，使其对齐腋下点（在本例中，减少了5～5.5cm的量，袖口宽度为22～23cm，袖口宽取决于设计）。

5.沿着新的袖中线剪开袖子，使袖子分开为两个部分。

6.在本例中，调整腰围线，使侧缝和腰围线的夹角呈90°。将线条画圆顺以贴合人体腰部曲线。

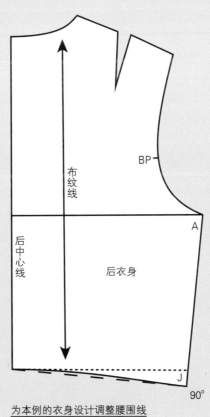

布纹线

后中心线　　　后衣身

BP

A

J

90°

为本例的衣身设计调整腰围线

134　　**袖子、领子**　　　　袖子样板基础　　　　一片领
　　　　　　和波浪领　　　　圆装袖　　　　　　两片领
　　　　　　　　　　　　　　连身袖　　　　　两片领
　　　　　　　　　　　　　　袖克夫　　　　　　连身领和领口线
　　　　　　　　　　　　　　领子样板基础　　　标准翻折领
　　　　　　　　　　　　　　　　　　　　　　　波浪领和荷叶边

制作纸样——第一阶段

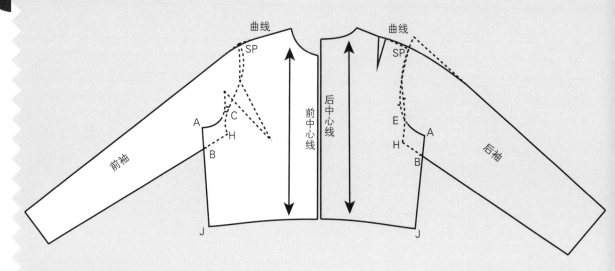

前片衣身的初期纸样

后片衣身的初期纸样

A= 腋下点

A–B = 5.4cm

C–D　距离A–J线5.5cm的平行线，经过或者靠近袖窿切口E–F（如图所示）

分步讲解

前袖

1.拷贝衣身前片纸样，在侧缝旁留出足够的空间让袖子贴合。

2.将袖前片放置在前片衣身样板上，袖前片上部要经过B点并与SP点相触。在纸上拷贝出衣身和袖子。测量袖缝线H–B（在衣身范围内）的长度并做好记录，这个长度是由你所使用的衣身原型来决定的。

3.画圆顺袖子到肩膀的线条，这条弧线会稍低于SP点。

后袖

1.拷贝衣身后片纸样，在侧缝旁留出足够的空间给袖子。标记腋下点为A点。

2.将袖后片放置在后片衣身上，袖后片上部要经过B点，与衣身重合的袖缝部位的长度与前片H–B线的长度保持一致。

注：袖山部位可能会高出SP点，这取决于袖山部位的吃势。

3.画圆顺袖子到肩膀的线条，可以稍微抬高SP点，这样做能调整前片的SP点下落所造成的缺损。

制作纸样——第二阶段

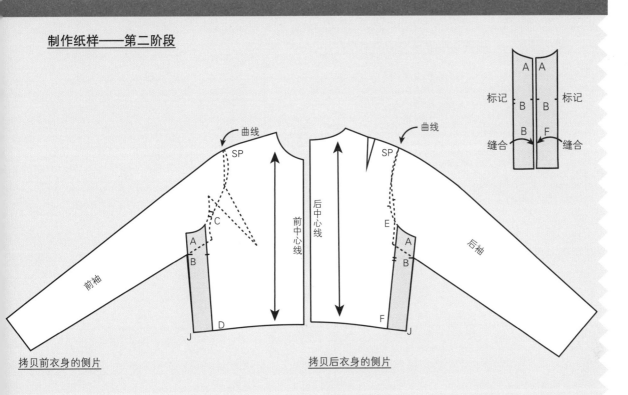

拷贝前衣身的侧片　　　　　　拷贝后衣身的侧片

分步讲解

原身出袖的前袖-衣身侧片

1.C-D线是距离A-J线大约5.5cm的平行线，经过或者靠近袖窿切口。在C-D线上标记对位点。

2.在另一张纸上，拷贝侧片部分，并标记对应对位点。

3.测量袖窿弧线A-C段的长度并做好记录。这个长度之后会用于前袖。

原身出袖的后袖-衣身侧片

1.E「线是距离A J线大约5.5cm的平行线（与前衣身一样），靠近袖窿。在E-F线上标记对位点。

2.在另一张纸上，拷贝侧片部分，并标记对应对位点。

3.测量袖窿弧线A-E段的长度并做好记录。这个长度之后会用于后袖。

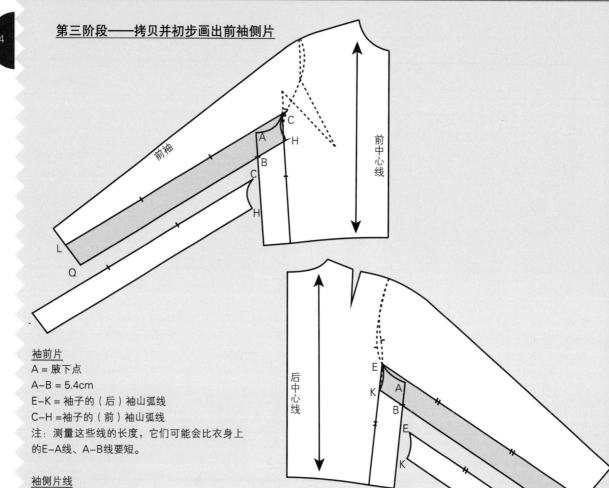

第三阶段——拷贝并初步画出前袖侧片

拷贝并初步画出前袖侧片

袖前片
A = 腋下点
A–B = 5.4cm
E–K = 袖子的（后）袖山弧线
C–H = 袖子的（前）袖山弧线
注：测量这些线的长度，它们可能会比衣身上
的E–A线、A–B线要短。

袖侧片线
1. E–N线平行于K–O线。
2. L–C线平行于Q–H线。
3. 绘制经过C点、E点（衣身上）的线，使其与
衣身侧片吻合（参见137页图）。

原身出袖前片–袖侧片
1. 画平行于H–Q线的L–C线。袖
侧片的宽度取决于C点。
2. 沿着这条新线标记两个对位点。
3. 用与A–C线相似的曲线连接
C–H两点。
注：可能会比A–C线短。
4. 在另一张纸上拷贝袖侧片，包
括对位点。

原身出袖后片–袖侧片
1. 画平行于K–O线的E–N线。袖
侧片的宽度取决于E点。
2. 沿着这条新线标记两个对位点。
3. 用与E–A线相似的曲线连接
E–K两点。
注：可能会比E–A线短。
4. 在另一张纸上拷贝袖侧片，
包括对位点。

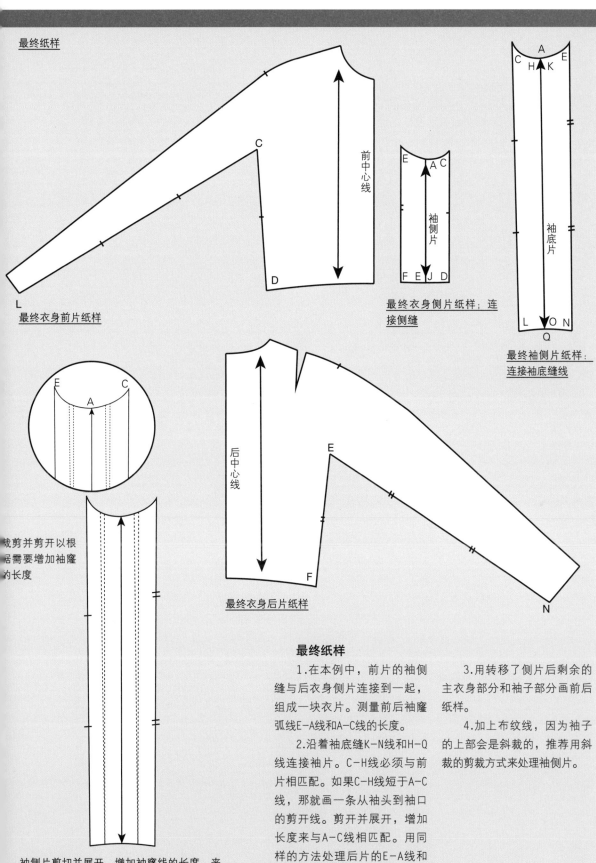

最终纸样

最终衣身前片纸样

前中心线

袖侧片

最终衣身侧片纸样；连接侧缝

袖底片

最终袖侧片纸样：连接袖底缝线

裁剪并剪开以根据需要增加袖窿的长度

后中心线

最终衣身后片纸样

袖侧片剪切并展开，增加袖窿线的长度，来与衣身相匹配

最终纸样

1.在本例中，前片的袖侧缝与后衣身侧片连接到一起，组成一块衣片。测量前后袖窿弧线E-A线和A-C线的长度。

2.沿着袖底缝K-N线和H-Q线连接袖片。C-H线必须与前片相匹配。如果C-H线短于A-C线，那就画一条从袖头到袖口的剪开线。剪开并展开，增加长度来与A-C线相匹配。用同样的方法处理后片的E-A线和E-K线（在本例中，前片和后片之间增加了1cm）。把线条画圆顺。

3.用转移了侧片后剩余的主衣身部分和袖子部分画前后纸样。

4.加上布纹线，因为袖子的上部会是斜裁的，推荐用斜裁的剪裁方式来处理袖侧片。

4

斗篷袖

　　这种袖以和服袖原型为基础样板，但不同的是它在腋下有很多的活动松量，因为斗篷袖的腋下有三角插片，这样就增加了袖底缝线的长度。独立于衣身的袖子的袖山高决定了袖子在SP点处的角度。

蝙蝠袖

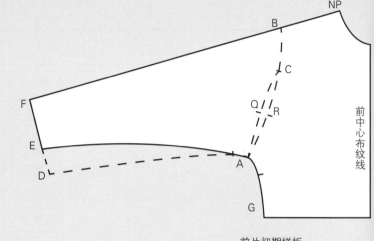

前片初期样板
A－Q＝A－R＝11cm

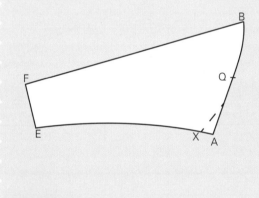

前片最终样板
A－X＝5cm

分步讲解

　　准备和服袖的前、后片原型。

前片

　　1.袖窿：根据设计图从B点（距离NP点15cm）到侧缝线上A点画一条袖窿弧线。这条弧线的弧度和形状取决于设计，但你可以参考基本和服袖。这条曲线在与肩线相交时呈直角，这样可防止在袖山上出现尖角。

　　2.以C点（距离SP点15cm）为画袖窿弧线的造型点，从B点画一条曲线到侧缝A点（A－B）。

　　3.在刚才画的曲线上，以B点下降11cm处为C点，以连接A点、C点的直线为对称轴，将A－C线从衣身上对称到袖片上。

　　4.在衣身袖窿弧线和袖山弧线向上11cm处作对位点R、Q。

　　5.通过在F－D的袖口宽度上减少D－E＝6cm来获得想要的袖口宽尺寸，画一条新腋下袖底缝线。

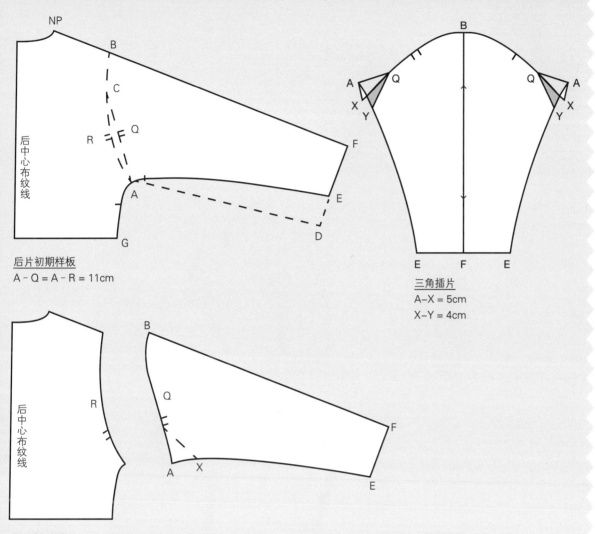

后片初期样板
A-Q = A-R = 11cm

三角插片
A-X = 5cm
X-Y = 4cm

后片最终样板
A-X = 5cm

做三角插片

增加的长度可代替三角插片的作用，以方便移动手臂。如果需要更大的活动量，可以增加剪切线的长度，增大拉展量，增加长度，将其拉高接近袖山顶点。

后片

根据绘制前片的步骤，确定前、后片的袖窿弧线在SP点和腋下点对齐。前、后片的袖口宽度不是一样的，因为肩线向前移动了。

分割衣身和袖片

1.将衣身和袖片分开，沿着A-Q-C-B做袖山弧线，沿着A-R-C-B做前、后袖窿弧线。

2.在一张新的纸上画好袖中线（B-F），将前、后袖片与袖中线对齐重新组成一片完整的袖子。检查袖口线是否垂直于袖中线。

3.在袖底缝线（A点）从上往下在5cm处标记出X点（A-X），在X点出画一条剪切线到前、后袖山弧线上的Q点处，将此线剪切拉展开

4cm（X-Y）。这样就增加了袖底缝线的长度，增加部分的作用和三角插片一样。

4.重新画袖缝A-E，使其通过Y点并保持线条的圆顺，可使用原模制板尺来画顺这条线，并确保所有的对位点都被拷贝下来。

[案例研究]

克里帕·晏科朗（CRIPA YANGKHRUNG）

　　克里帕的服装纸样是用一种非传统的方式创作出来的，她先通过绘制身体的轮廓来感受服装的廓型，然后再用与和服袖以及斗篷袖相类似的手法对纸样进行调整和修正。袖子上的深折边为服装增加了一种独特的夸张效果。

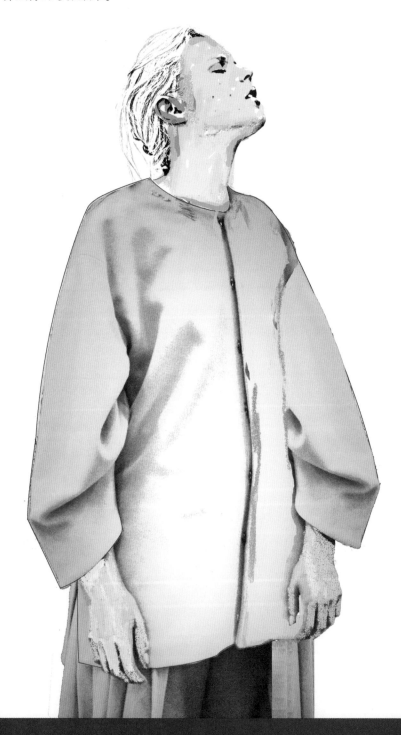

袖子前片上的大褶裥使衣服有着有趣的
衣褶和垂褶。

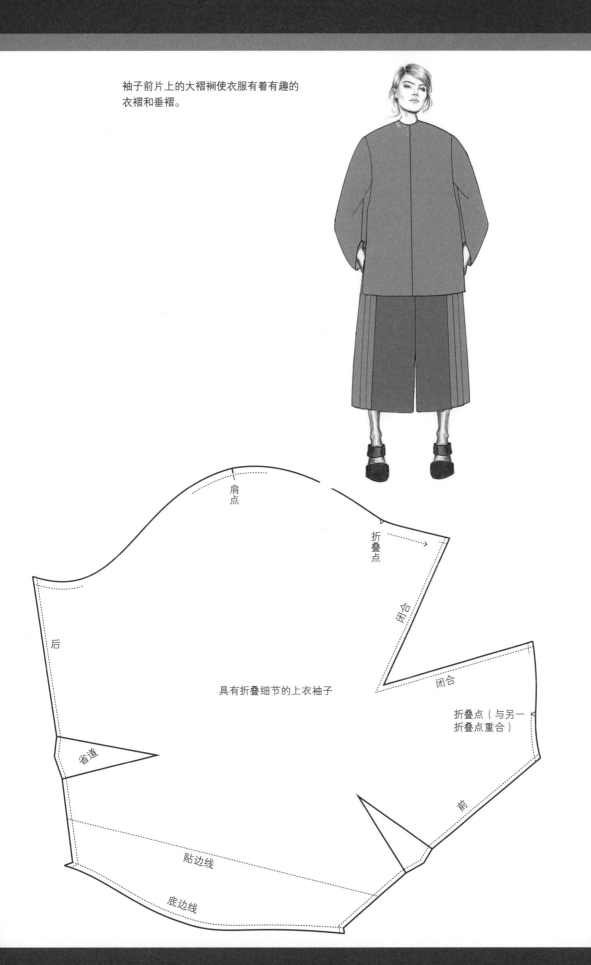

肩点

折叠点

闭合

后

具有折叠细节的上衣袖子

闭合

折叠点（与另一
折叠点重合）

省道

前

贴边线

底边线

袖克夫

4

　　根据设计，制作袖子的方法有很多种。传统的衬衫袖是用袖克夫来制作的。在一件服装中，甚至很小的细节（如袖克夫）都有现实的意义。例如，加褶的袖克夫、斜裁的袖克夫、运用纬向条纹、在缝中加嵌条、在边缘加蕾丝或者使用对比的面料等手法处理，就能使服装更加特别和突出，这里只列出了少量的例子。袖克夫的尺寸也可以作为设计的一个特色，大尺寸的袖克夫［如维克托（Viktor）和罗尔夫（Rolf）的设计］或者长的合体的袖克夫［如维多利亚（Victorian）长袖］能辅助设计造型。最简单的袖克夫是一个折叠的直带，如果造型边缘和缝隙有设计要求，那么要将袖克夫分割成两部分，并且上下都要缝合。

　　袖子必须匹配袖克夫。袖克夫有宽度，所以袖子的长度要变短，但是袖子对袖克夫一般有悬垂量。20世纪70年代的宽袖有很大的悬垂量，所以袖子垂在绷紧的袖克夫上。在试做时最好留出比你想要的悬垂量多一些的量，因为在试穿的过程中减比加更容易。

袖克夫

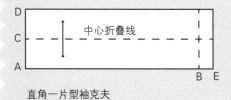

直角一片型袖克夫

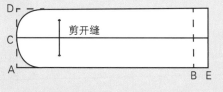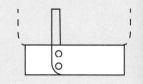

弧线两片型袖克夫
（袖克夫缝合起来好像有一个曲线的边缘）

分步讲解

A–B=袖克夫的净长
B–E=纽扣的直径
A–C=袖克夫的宽度
A–D=袖克夫宽度的2倍

分步讲解

A–B=袖克夫的净长
B–E=纽扣的直径
A–C=袖克大的宽度
A–D=袖克夫宽度的2倍

直角一片型袖克夫

　　1.画一个长为袖克夫净长加上1.5cm纽扣直径和宽为两倍袖克夫宽度的矩形。袖克夫的长度应在腕关节舒服的位置，并且袖克夫需要足够长，这样当抬起胳膊时，袖子能在胳膊上上下移动（尺码为10~12cm的，长为18~20cm）。

　　2.因为袖克夫的样板很小，所以布纹线的方向竖直或者水平都可以。

圆角两片型袖克夫

　　1.画一个长为袖克夫净长加上1.5cm纽扣直径和宽为两倍袖克夫宽度的矩形。袖克夫的长度应在腕关节舒服的位置，并且袖克夫需要足够长，这样当抬起胳膊时，袖子能在胳膊上上下移动（尺码为10~12cm的，长为18~20cm）。

　　2.因为袖克夫的样板很小，所以布纹线的方向竖直或者水平都可以。

　　3.在中心线处折叠，在边缘处画弧线，其与纽扣搭门重叠。拷贝这两条线，从中心线处剪切袖克夫，分割成两片袖克夫。

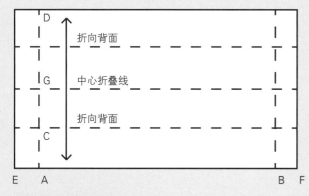

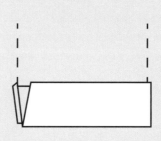

直角折叠一片型袖克夫
（袖克夫双倍折叠于背面）

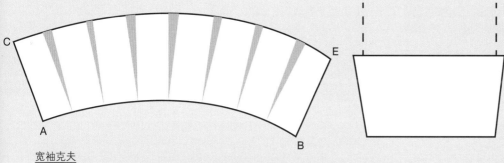

宽袖克夫
（袖克夫很宽，由于要符合手臂的形状，上部就变得很宽）

分步讲解

A–B=袖克夫净长
E–A=B–F=1.5cm展开
A–C=最终的袖克夫宽度（折叠
后的）
A–G=2倍袖克夫宽度（以中心为
折叠线）
A–D=2倍A–G

直角折叠一片型袖克夫

画出一个矩形袖克夫，长
为袖克夫净长，再在两边各加
1.5cm，宽为4倍袖克夫宽。

分步讲解

A–B=袖克夫长
A–C=袖克夫宽

宽袖克夫

1.画一个长为袖克夫长，
宽为袖克夫宽的矩形。

2.在矩形上等分做平行于
袖克夫宽的剪切线（A–C线和
A–B线）。通过折叠很快可以
完成这一步，先折叠成2份，然
后是4份，然后是8份。

3.画出这些直线，沿这些
线剪开，然后根据要求的袖克
夫宽度等距离在剪切线上展
开，这样C–E线将会比A–B线
长。不过展开过量容易导致裂
开，展开到想要的袖克夫宽度
即可。

领子样板基础

4

　　领子由两部分组成——领座（领子在领口上全部立起来）和翻领（在领座的基础上加翻下来的部分，它是平面的）。这是一种很重要的关系。

　　制板师绘制领子或者在人台上制作领子时，需要理解一些基本的原则。

- 第一个原则是领外轮廓线的长度。这将影响领子在服装和人体上的效果，领外轮廓线的长度越长，领子越贴合人体肩部；长度越小，领子就离人体肩部越远但贴近颈部，因此在得到最佳效果前有一个试验过程。本章将讲述一些例子，希望这些能够帮助你自信地设计出更多有技术挑战性的领子。

- 第二个原则是领口线长度。因为领子是与领口线缝在一起的，所以领子的造型要根据领口尺寸画出来，这个是不变的（除非领口线的形状改变了）。

- 第三个原则是一片的领子并不能满足所有在颈部直立的领子的功能需求。领外轮廓线的长度越小，面料就越会呈现直立的状态。立领的高度应控制在一定的范围内，超过这个范围之后，领子容易向外倾倒。这样的领子必须分为两部分，直立着的部分和翻折的部分，以使得直立着的部分很合体地贴合脖子，翻领就从立领边翻折下来。

　　减少领外轮廓线长度的方法，在生产中并没有明显的技术特点，但是它能显示出由其尺寸绘制出的领子应该是什么样的，并且也能显示出领座和翻领的关系。

　　当处理两片的领子时，原理如下：

- 领座形态要符合颈部的形态，当领座高度增加到一定大小时，其形态更像一个漏斗。

- 如果领座上部外缘的尺寸减小，也必须在翻领对应的缝合线减少同样的量。

- 一般说来，翻领比领座要宽，使得翻领可以覆盖住接缝线或接触到衣身，这要依据设计的造型和尺寸。

- 在绘制领子前，用卷尺在衣身上大致测量出领外轮廓线的长度是有帮助的——这将会给你一个参考值。

- 通过在领口线或领外轮廓线上用减小或者展开的方法来调节领子。

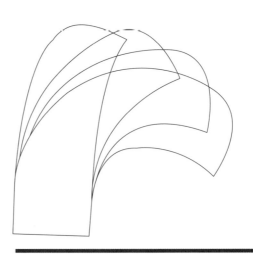

领子
领子的斜度决定了其造型和宽度。

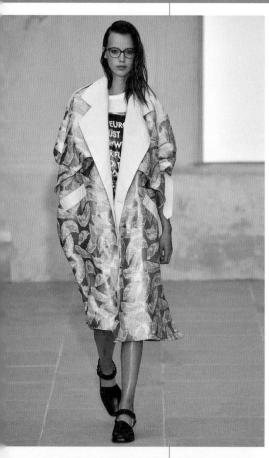

左图
Each X Other 2016年春夏
标准的翻折领（参见160页）在
时尚T台上很流行，如这个成衣
系列设计。

上图
查莉·比多斯
抬高的领口线是这个独特设计的
突出特点，用到氯丁橡胶面料来
保持服装的廓型。

左图
乔西·纳托瑞（Josie Natori）
2015年秋冬
这个抓人眼球的设计用到的是连
身领（参见154页）。

一片领

4

一片领的领座与领面是连成一片的，一起裁剪。

彼得·潘圆领

这种领子平摊在衣身上，并且只有翻领。最好有一点点领座，会更漂亮。

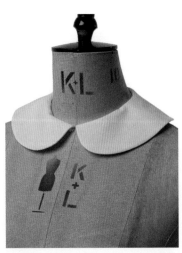

彼得·潘圆领

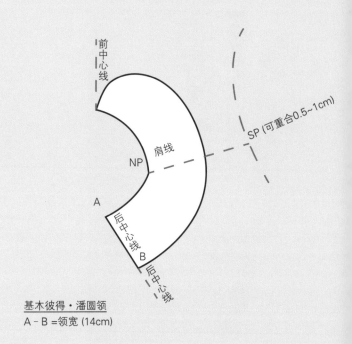

前中心线

SP (可重合0.5~1cm)

NP　肩线

A

后中心线

B

后中心线

基本彼得·潘圆领
A－B =领宽 (14cm)

分步讲解

1.准备基本样板或者原型，在领口线做一些轻微的调整，比如，稍稍降低领口线。

2.NP点和SP点对齐，将前、后衣片在肩线处拼合在一起（在肩点处重合0.5~1㎝）。描出领口线和前、后中心线。

3.按领子贴合在衣身上的线迹画出领子的形状，并沿着领口线等距测量。画出领子的外轮廓线，与后中心线呈直角相交，连接到前中心线处完成前领曲线。沿着领子样板剪下，并在人台或自己身上检测一下，必要的时候做出调整。

伊顿领

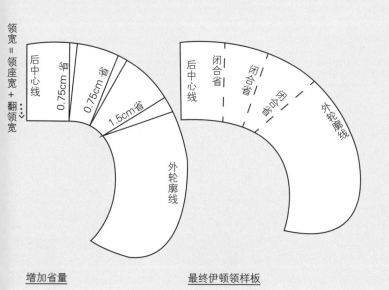

领宽＝领座宽＋翻领宽

后中心线

0.75cm 省

0.75cm 省

1.5cm 省

外轮廓线

后中心线

闭合省

闭合省

闭合省

外轮廓线

增加省量

最终伊顿领样板

伊顿领

这种领子以彼得·潘圆领样板为基础，通过用省道减少领外轮廓线的长度使得领座更高。

分步讲解

1.按照步骤制作彼得·潘圆领，并剪下样板。

2.在领外轮廓线上画出三个省道：在肩线处画出1~1.5cm宽的省，有两个0.75cm的省在肩线与后中心线之间的三等平分线处。将这些省量闭合起来，这将使得领子在背部更加贴体，并减少领外轮廓线的宽度，使得领子的领座高度增加。

3.描顺线条，使得领外轮廓线和内部的曲线圆顺。将后中心线放在一张折叠纸上，绘制出一个完整的领子，检查领口线和领外轮廓线与后中心线相交是否呈直角，并将领子展开进行检查。

领座更高的领子 I

4

这两个例子的领子使用的是同样的原理，利用减小领外轮廓线的长度来增加领座高，并使领子远离颈部。当领子变直时，关注领口线和领外轮廓线的关系。一旦你熟悉了领子变化的规律，就会更自信地通过设定尺寸来绘制领子，这些尺寸包括领围、领座高和翻领宽，领子贴合在衣身上时领外轮廓线的长度。

领座更高的领子 I

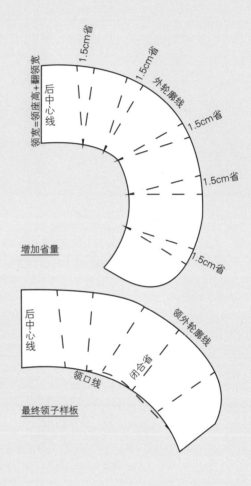

增加省量

最终领子样板

分步讲解

1.按照操作步骤绘制彼得·潘圆领（参见146页），沿样板剪下来，领宽=领座高+翻领宽。

2.在领外轮廓线上画出5个等分的省道，每个省量为1.5cm，以领口线为基准将这些省完全闭合。

3.重新画出领口线和领外轮廓线，使得领外轮廓线垂直于后中心线。检查领口线尺寸，使其保持不变，必要的时候在后中心线处做修正——增加或减小后中心线，但要保持其平行于原始线条。

领座更高的领子 II

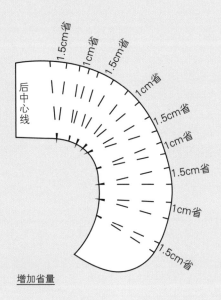

增加省量

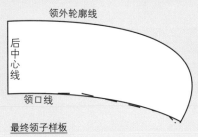

最终领子样板

领座更高的领子 II

　　在领外轮廓线上做一定数目的省道来减小领外轮廓线的长度，使之与领口长度几乎相同。在这一阶段，样板轮廓线变得参差不齐，所以要仔细一点，不要影响到领口线的长度。如果领子按斜布纹线裁剪，那么制作这种领子的效果更好。与两片领的领口线做比较，可以注意到两片领的领口线是向上而非向下，这是因为颈部四周都是立起的。

分步讲解

　　1.按照操作步骤绘制彼得·潘圆领（参见146页），领宽=领座高度+翻领宽

　　2.在领外轮廓线上画出5个等分的1.5cm省道，像先前的领子一样。在每两个1.5cm省道之间做1cm的省道，一共有4个。或者是在领外轮廓线上画出9个等分的省道，每个省道1.27cm，以领口线为基准将这些省完全闭合。

　　3.确认画好领口线和领外轮廓线。同样要检查领口线的尺寸，必要的时候对后中心线进行修正——增加或减小后中心线，并保持其平行于原始线条。

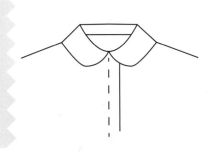

两片领

一个领子分成两部分——领座和翻领。这样的分割为帖服颈部提供了更多的控制量，以及说明了领子是怎样翻下来的。一般来说，领座越高，领子的形状越符合颈部。

参见144页两片领的制图原理。

衬衫领

传统的衬衫领是各种帖服在颈部的有领座和翻领的系列变化领的制图基础。此例中的领子在领座上有一个延伸的量作为纽扣的搭门以贴合颈部。改变领外轮廓线和翻领的形状可以设计不同的造型，通过增加领外轮廓线可以调节翻领的形态。

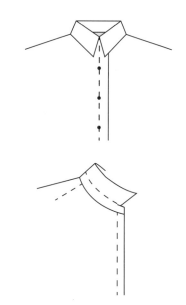

衬衫领

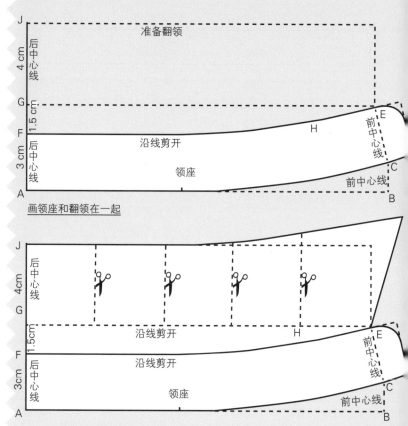

画领座和翻领在一起

根据一片式样板中标记纽门搭位

分步讲解

准备

在原型上降低领口线0.5~1.0cm，从前中心线到后中心线测量新的领口线的长度并做记录。

用结构线来绘制一个矩形：长度=领口线（A-B）；例如，20cm的宽度=领座高+翻领宽（A-J=8.5cm）。前中心线不要全都画完，B点往上量取1.5cm到C点，新的领口线经过C点。

画领座

1.从宽度为8.5cm的A-J线段到BC线段画新的领口线A-C。用纸样辅助尺来画出经过C的顺滑的曲线，并往外延长1.5cm到点D，作为搭门宽。

2.用纸样辅助尺或者方尺来画新前中心线，保持E-C-D呈直角。新前中心线的长度=领座的高度=3cm。标记E点。

3.在后中心线处测量A-F的长度，即为领座宽（3cm）。用纸样辅助尺画上领座线，要平行于领口线，并与后中心线呈直角。用一条圆顺的曲线连接E-D，形成纽门曲线。E-D线的形状根据设计可进行调整，领座的宽度也可以根据设计以及领子的合体度来进行变化。

4.在领座线上从E点往回量取4cm到H点。

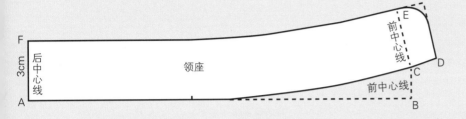

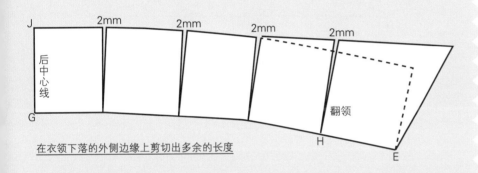

在衣领下落的外侧边缘上剪切出多余的长度

画领面

5.在后中心线上，从F点往上量取1.5cm取G点。

从G点开始画平行于A−B的水平结构G−E线。测量后中心线上G−J线，即为领面高度（4cm）。为了使成品的领面完全覆盖领座，领面要比领座大一点。

6.从J点开始画平行于G−E的水平结构线，然后垂直下来与E点相交。这些结构线能为画出领子的边缘线提供参考点。

7.从J点起画出领子和领面的外轮廓线，并将其延长到与E点相交。领子的外轮廓线的形状取决于设计，可以进行调整和变化。

从G点开始，画一条往下的弧线，连接E点，完成领面。从H点开始，往上引一条垂线，与领面外轮廓线相交。

8.把领座和领面分离开来。从H点开始，沿着参考线均分领子。

9.沿着这些线条将领面剪开，每个部分展开约2mm（总共展开量为8mm）来延长衣领的外轮廓线。如果有必要的话，可以再进行调整。

高领座

　　此例的领子有一个很高的领座，直立于人体颈部时要合体。当立于颈部较高时，领座和翻领之间的关系要改变，而且领座的形状要达到合体的要求。可以通过在领外轮廓线和翻折线之间增加等距的分割线展开来增加领外口长。领子的样板要依据设计绘制。

高领座

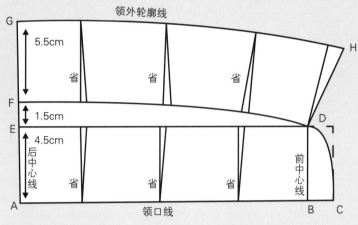

增加省量

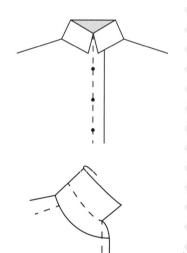

分步讲解

准备

　　画一矩形作为领座，长＝领口线（A－B）＋搭门（B－C，1.5cm），领高＝领座（A－E，4.5cm）。从B点到D点画垂直的前中心线。曲线连接D－C。在领口线上标记NP点。

　　1.延长后中心线超过E点。

　　E－F＝1.5cm

　　F－G＝5.5cm

　　2.从F点开始垂直于后中心线画F－D线，再用平缓的曲线在前中心线连接D点。

　　3.与F－D等距（5.5cm）画领外轮廓G－H线。并画出想要的领外轮廓线形状。

　　4.A－B线到领座上口线画三条平均分布的省，省量0.25cm，1个在后片，2个在前片。

　　5.F－D线上在相同位置画相同省量的省，标记对位点。

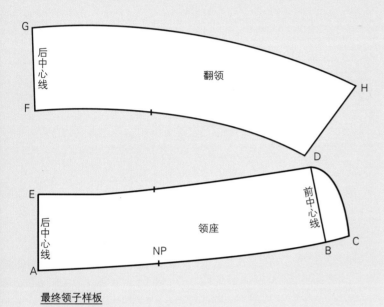

最终领子样板

6.剪开领座和翻领。闭合领口线到领上口线之间的省量和领外轮廓线到缝线之间的省量，重新画新的领形。

注：在领外轮廓线和翻折线之间增加等距的分割线，展开来增加翻领的领外轮廓线长度。这种方法更适用于翻领很宽的情况。

连身领和领口线

4

连身领

　　连身领，正如其名，是指从服装的前衣身上"延伸"出来的领子。通常包括"长"在前片上的后领，并且需要将其缝在颈部的后中心线位置。

　　衣领的翻折线取决于设计以及第一个纽扣搭门的位置；通常第一个扣也在同一水平位置。翻折线同时也决定着衣领如何根据领座的高度坐落在人体颈部。

　　领子的造型线是画在衣身上的，因为沿着翻折线翻折后领子是贴合在衣身上的。领子的造型线能够根据设计和比例来进行变化调整。

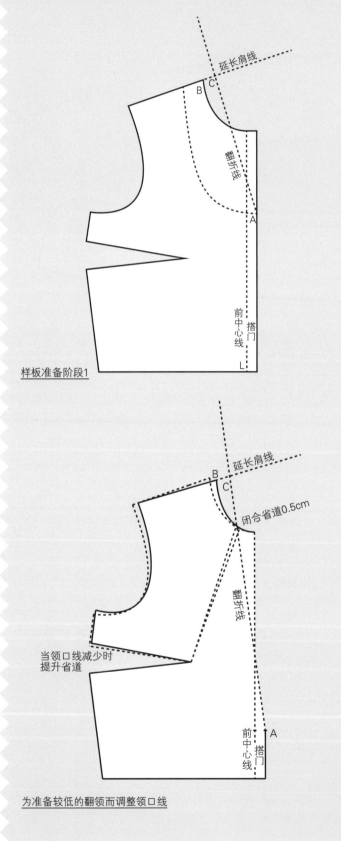

连身领款式1（翻领）

延长肩线

翻折线

前中心线　搭门

样板准备阶段1

延长肩线

闭合省道0.5cm

翻折线

当领口线减少时提升省道

前中心线　搭门

为准备较低的翻领而调整领口线

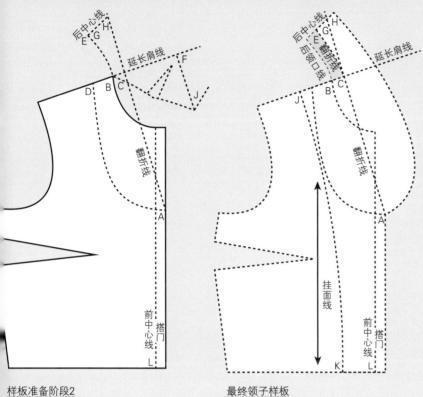

E－H = 后中心线长

根据领宽以及衣领的

设计

G－H = 2×E－G

本例:

E－G = 2cm

G－H = 4cm

G－C = 翻折线

B－J = 5cm

J－K = 挂面线

样板准备阶段2

最终领子样板

分步讲解

B－C=2cm

1.拷贝前衣身原型(侧缝上有胸省)。在前中心线位置加上搭门(1.5~2cm)。

注:低翻领准备过程。闭合一个0.5~1cm的省道来收紧领口线并打开胸省。这样做可以减少翻折线的绉缩缝隙。

从B点延长肩线大约12cm。

在衣领结束的位置标注A点(翻折点),后NP点标记为B点。

画出衣领的翻折线A－C并延长。

在衣身上画出衣领的造型D－A线。

2.将后衣身翻转过来,后颈点要与B点相连接,然后移动后领口线使其与翻折线相分离。作为指导,SP点会在延长的肩线下方约8.5cm(F－J)的位置。画出后领口线和部分后中心线。

最终纸样

领座E－G(2cm)G－C平行于后领口线,组成后翻领线。

沿着后中心线的领高E－H(约6cm)。

沿着翻折线C－A折叠纸样,并画出衣身上的翻领造型线,展开并沿着线迹画出领子。继续画领子的外口,使其与后中心线相交,并在H点处呈直角。

挂面

画出挂面(B－J=5cm,K－L=5cm)。用一条圆顺的弧线连接J－K,弧线在第一颗纽扣的位置下与前中心线平行。

拷贝出衣身和衣领的形状直至贴边线。

在领子的外口增加0.25~0.5cm的长度,具体数值取决于面料的厚度,这会使领子翻卷下去时更加平贴。

建议:如果后中心线位置没有接缝的话,可增加一条与前中心线呈45°的缝线P－R。

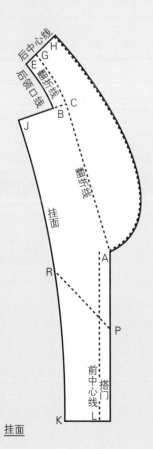

挂面

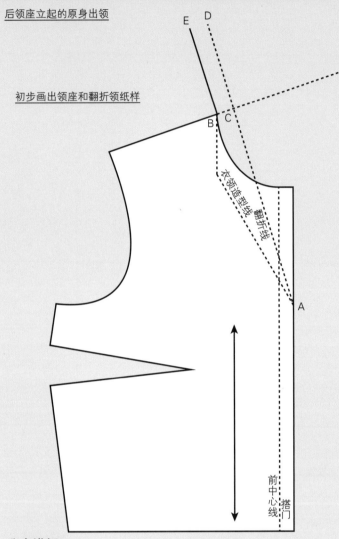

后领座立起的原身出领

初步画出领座和翻折领纸样

分步讲解

B－C＝2cm

B－E＝后领口线长度（为7.5~8cm）

1.拷贝出侧缝带有胸省的前衣身原型，前中心线上加上1.5~2cm的搭门。

2.在衣领结束的位置标注A点（翻折点），NP点标记为B点。

3.从B点开始延长肩线约12cm，画出衣领的翻折线A－C并延长。

4.在衣身上画出衣领的造型线B－A。

最终纸样

5.画出与延长的翻折线平行的后领口线。画后中心线的垂线E－F（大约为3cm长，具体数值取决于设计）。

6.画后中心线的垂线F－G。

7.沿着翻折线C－A折叠纸样，并画出衣身上的翻领造型线；展开并沿着线迹画出领子。继续画领子的外口，使其与后中心线相交，并在F点处呈直角。结构线作为参考。

挂面

参见155页的翻领样板来制作挂面。

最终纸样

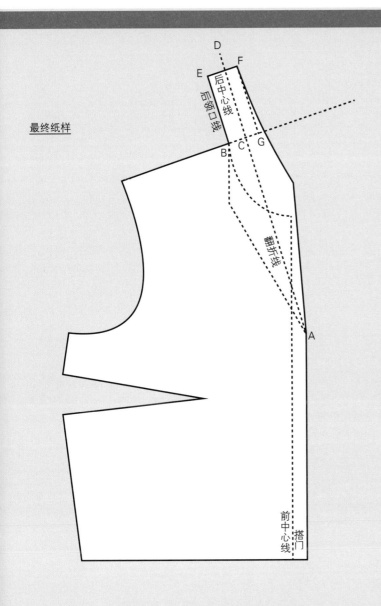

D
E F
后中心线
后领口线
B C G
翻折线
A
前中心线
搭门

4

连身领领口线

　　抬高几厘米基础领口线即可形成原身领口线。由于缺少控制颈部合体度的缝线，领口线能够被抬高的高度有限。拉伸性好的面料有一定的宽松度因而更适合原身领口线设计。

　　肩线能够随着领口线的合体度变化而进行调整。可以将肩线向前片移1cm。

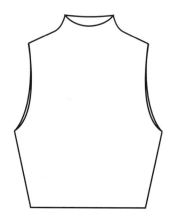

抬高的领口线

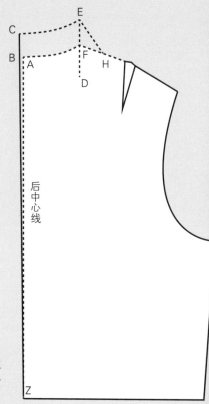

最终纸样（后片）

曲线E-H在E点处呈直角。量取这条曲线的长度，因为其需要与前片相匹配。

准备后片纸样

分步讲解

后片

A-B=0.5cm（数值可以按需要调高）

F-H=3cm

　　1.拷贝后片原型并画出所设计款式的纸样。

　　在后中心线处增加宽度，从衣身底边Z-B处到延伸出的领高位置，画出新的后中心线（B点到C点距离大约为3cm，或者根据设计来变化）。

　　过F点画一条平行于原后中心线A-Z的结构线，E-F与B-C线的长度要相等（如本例为3cm）。

　　2.画结构线E-H，H点的位置取决于领深和领子的合体度设计，宽窄可以进行变化。

　　画新的抬高的领口C-E线，线条要与原来的领口线保持等距离。

最终后片纸样

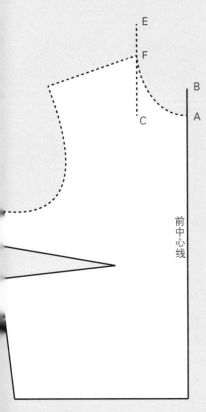

准备前片纸样

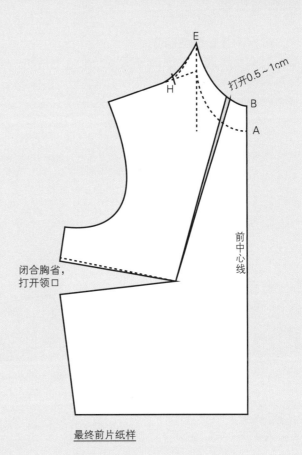

打开0.5~1cm

闭合胸省，
打开领口

前中心线

最终前片纸样

解决问题

在E-H线上增
加一条后领口线能
够有所帮助，也可
以在领口线上增加
一条缝线来打造更
突出的"连身领领
口"设计。

前片

F-H=3cm

1.拷贝前片原型并画出所设
计款式的纸样。往上延长前中
心线大约3cm到B点（或者根据
设计来调整延长度）。过NP点画
一条平行于前中心线的结构线
E-F-C，E点的高度与后片B-C长
相等（如3cm）。

2.画结构线E-H，H点的位置
取决于领深和领子的合体度设
计，宽窄可以进行变化。

用一条弧线连接E-B，弧线
与前中心线垂直相交。

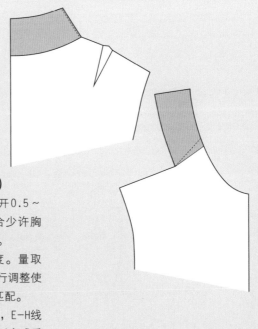

最终纸样（前片）

剪开领口线并展开0.5~
1cm（这个做法会闭合少许胸
省）。重新画好领围线。

将E-H线画出弧度。量取
E-H线的长度，适当进行调整使
之与后片E-H的长度相匹配。

注：在试装阶段时，E-H线
可能还会需要进行调整以完成后
片的弧线。

标准翻折领

4

翻折领有着剪裁精湛的外观，能够用在量体定制的夹克和外套原型上。由于领子和衣身是分离开来的，翻折领更贴合人体颈部。

翻折领非常通用，能够应用在各种类似的服装款式上。

分步讲解

B-C=2cm

D-H=2cm

C-H=C-D（如9cm）

领座J-H=2.5cm

领面H-K=4.5cm

1.拷贝前衣身原型，在领口线上留出一定空间来画领子。根据面料的厚度和纽扣尺寸，添加1.5~2cm的搭门。

在前中心线位置提高0.5cm的领口线，引一条经过这点的水平线。

延长肩线约8cm。B-C=2cm。

根据设计，标记搭门上的F点。画出领子的翻折线F-C，延长到领口线，长度再加上1cm到D点（延长段的长度如9cm）。

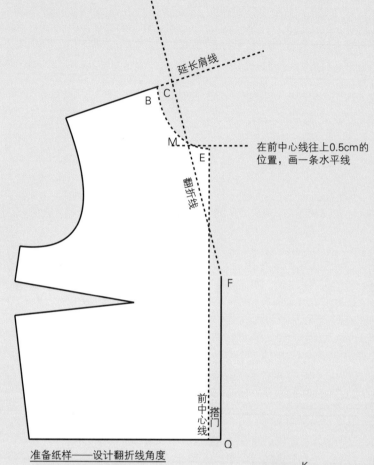

在前中心线往上0.5cm的位置，画一条水平线

准备纸样——设计翻折线角度

2.开始画领子

D-H=2cm。C-H=C-D（如9cm）。从翻折线引一条直线，与后中心线垂直相交。

领座J-H=2.5cm，领面H-K=4.5cm。

画后领的翻折线H-C，引后中心线的垂线。

领口线上，M点在结构线上方约1.5cm的位置。

画出后领口线J-M，J-M为直线。

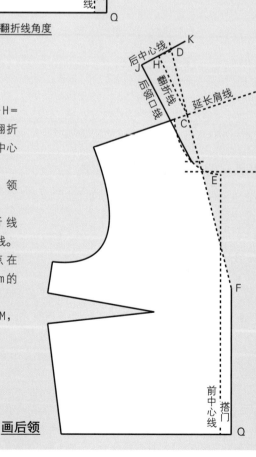

画后领

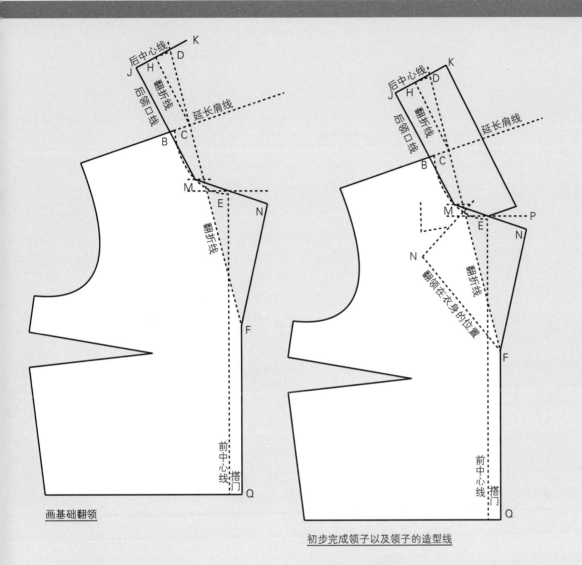

画基础翻领

初步完成领子以及领子的造型线

领座和领面

领座和领面

注：对于任何抬高到接近人体脖子的衣领来说，领座和领面都具有一定的关系：领面始终要比领座大一些，因为领面要卷下来覆盖后面的领口缝线。如果领面比领座大得多的话，那就需要进行调整——例如，剪开领子的外边来增加领外边的长度。如果领外边增加了很多的量，那么就需要匹配单独的领座。

3.画翻领

延长M-E线（约5cm，具体延长长度取决于设计）到翻领尖N点，再连接F点来完成翻领领面的外轮廓边。

4.画出领子的造型线

朝衣身方向沿着翻折线将领子翻折过来，在衣身上拷贝出翻领的外边（用虚线表示）。将翻领再次沿着翻折线翻折过去，画出大概的领子的位置。翻驳点P与翻领尖N点的位置距离大约为2.5cm。

引一条后中心线的垂线，经过K点来完成领子的造型线设计。

拷贝出单独的领片J-M-E-P-K-J。

注：由于面料有厚度，领子可能会随之进行调整，领面要在试衣之后再进行裁剪。底领可用斜裁而领面要用直裁，这样就能避免在后中心线上加缝线。

折叠纸张，拷贝出带有后中心线的领面。外边K-P线增加适当的长度（为0.5~1cm）；在E点不增加。

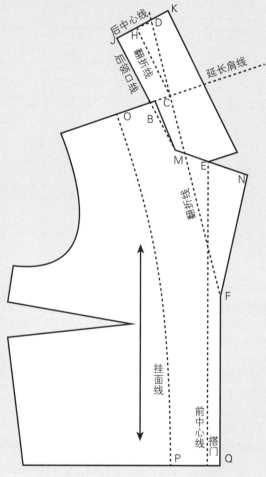

在挂面和衣身上做标记

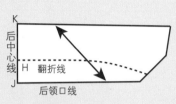

拷贝最终领子

挂面的允差

　　领面的外边和挂面需要加上额外的允差，使得衣领翻折下来在人体颈部是平贴的。允差的量取决于面料的厚度，平均允差为0.25～0.5cm。允差能帮助把外露的缝线卷入里面。

　　注：由于面料有厚度，领子可能会随之进行调整，领面要在试衣之后确保衣领的外边缝线能卷到衣领下面再进行裁剪。底领可用斜裁而领面要用直裁，这样就能避免在后中心线上加缝线。

　　折叠纸张，拷贝出带有后中心线的领面。外边K-P线增加适当的长度（为0.5～1cm），在E点不增加。

　　5.画出衣身和挂面

　　从原来的B点到M点画一条直线，做新的衣身领口线。擦掉原来的领口线和其他多余的线条，再留下衣身和翻领的线条。

　　沿着肩线画挂面线B-O=5cm，底边线Q-P=6cm。用圆顺的曲线连接O-P点。

　　画出挂面。在翻领尖点N处的翻领造型线上增加0.25～0.5cm的长度。这样做可以使翻领更加贴合衣身（参考原身出领）。

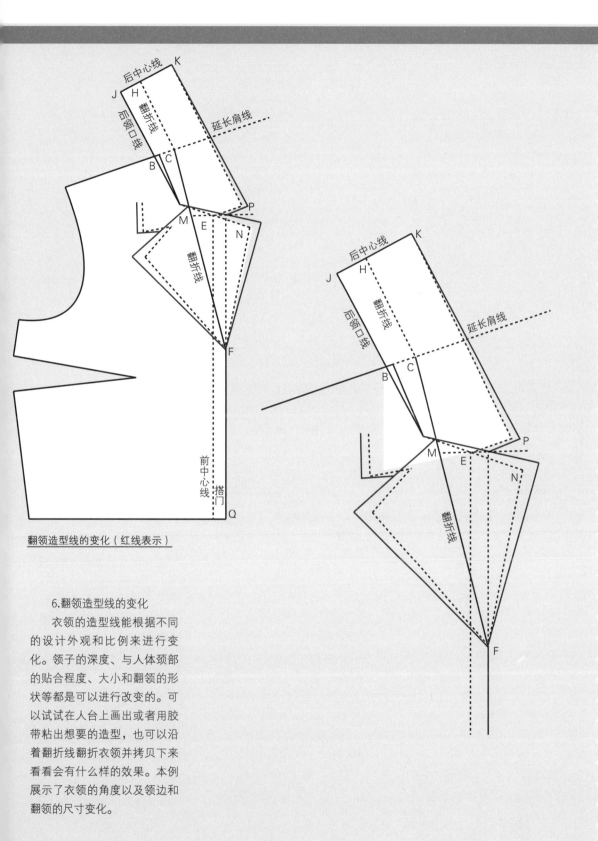

翻领造型线的变化（红线表示）

　6.翻领造型线的变化
　衣领的造型线能根据不同的设计外观和比例来进行变化。领子的深度、与人体颈部的贴合程度、大小和翻领的形状等都是可以进行改变的。可以试试在人台上画出或者用胶带粘出想要的造型，也可以沿着翻折线翻折衣领并拷贝下来看看会有什么样的效果。本例展示了衣领的角度以及领边和翻领的尺寸变化。

164　袖子、领子
　　　和波浪领

袖子样板基础　　　　一片领
圆装袖　　　　　　　两片领
连身袖　　　　　　　连身领和领口线
袖克夫　　　　　　　标准翻折领
领子样板基础　　　　**波浪领和荷叶边**

波浪领和荷叶边

4

　　圆形样板对在颈部、克夫和层叠荷叶边生成褶边是很有效的。衣服的重量和厚度以及褶边宽将决定样板的尺寸和形状。加入更多的圆将得到更多的褶边。本页所讲的案例就需要一些圆来达到这样的多褶造型。测量面料和衣服的圆率是有帮助的，你可以知道需要多大的圆。布纹有直纹和斜纹的不同，怎样放置布纹将影响下垂的方式和外观。

波浪领

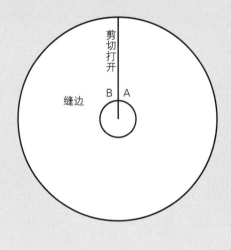

大波浪
A－B = 缝边长或部分缝边长。
内圆是缝边线，外圆是褶边线。

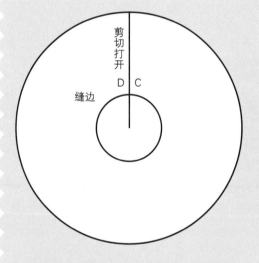

小波浪或碎褶/褶裥
C－D = 缝边长或小波浪边长。
内圆是缝边线，外圆是褶边线。

分步讲解

半径=周长/6.28

　　测量要加入褶边的缝边长（CD=缝边长或部分缝边长）。

　　如果需要更多的圆，则把缝边长等分，可使这些圆分布得更恰当。缝合时线可能会拉紧，所以缝边长可以适当地增加一点长度。

　　如果需要碎褶或褶裥，要先做面料测试以确定需要加入的量。根据碎褶需要加入的长度来绘制圆形样板。

【案例研究】

纳丁·穆赫塔尔（Nadine Mukhtar）

纳丁的作品是受径向螺旋和几何形式的启发。扇形在人体周围成三维发射状。这些圆在夹克的领围处形成层叠大波浪效果。

纳丁收藏的作品款式图

设计草图

纳丁作品成衣效果

5

裤装

制板师也可以为裤装设定一套流行趋势。通过更改腰围或裆长，增加褶裥或加宽脚口能改变造型和合体度，并且如果能创新自如地运用这些，就可以创造出标新立异的设计作品。

裤装样板基础

5

如今，女性不允许穿裤装的观念已成为无稽之谈。尽管女性早在20世纪时已经开始穿着裤装，但使得裤子真正变得时髦起来的是伊夫·圣·洛朗对"吸烟装"的改造。正如裙装曾经是女性的领域一样，裤装曾经也只属于男性。特别是，当牛仔裤被男性和女性同时接受时，服装的性别差异在一定程度上被消除了。同样，牛仔裤一定程度地淡化了阶级观念，因为每个人都可以在非正式场合穿着牛仔裤。工装与休闲服之间的区别也减弱了，裤装在当代的衣橱中已占有一席之地。

近年来，一些设计师如薇薇安·韦斯特伍德也创造出了一些标志性的裤装。朋克裤、背带裤以及海盗裤（由于裤装的无前中线设计，裤裆处有非常多的余量），都是她著名的创造性设计作品。

亚历山大·麦昆（英国著名时装设计师）以一款几乎要看见股沟的"低腰裤"重新定义了裤装。"我想通过'低腰裤'来拉长身体，而不只是为了展示臀部。我认为臀部上端和脊柱是人身体上最性感的地方，无论男人和女人"。这一举动在当时被视为是大胆和叛逆的。

裤装款式风格也在变化，从大裆嘻哈裤，到有着扭曲缝线来使腿型变形的牛仔裤再到紧腿宽胯的骑马裤、上部宽松下摆收紧的哈伦裤。

本章主要介绍一些常见的裤装基础知识，阐述窄腿脚裤与阔腿裤的不同，同时还讲解了怎样在裤装原型上加入褶与口袋的简单设计，其中包括低腰裤与高腰裤。

伊尔莎·斯奇培尔莉
（Elsa Schiaperelli）
    我们当然不要裤子！

左图
凯拉·福登（Keira Fogden，诺斯布鲁克学院）
工装裤的一个有趣的细节，2018年春夏系列。

标准尺码

5

对于任何的裤装原型或样板，注意前、后裤片的关系以及后裆线比前裆线长多少是很重要的。因为前裆线短就不会拉扯后片的面料，所以后裤片可以较平整。这条线的长度在穿着时至关重要。制板时后裆线要比前裆线下落一定的量，如此便将后裤片的下裆线略微缩短了。因此缝合前、后裤片时要通过对位点标记前、后裤片下裆线的拉伸部位来补偿差量。

通常，后腰围线一般设两个省，目的是分散省以贴合臀部。

脚口宽一般由设计风格决定，但是为保证脚可以通过裤子，脚口围至少32cm。

布纹线（面料纱线）方向应得到重视，以便裤装穿着时不会产生扭曲的效果。一般来说，布纹方向与横裆线成直角。试穿样衣时，若不对齐可做适当调整。通常，除非是较严重的问题，一般都是用提升或下降的办法来调节侧缝线。

考虑到合体性，前腰线一般设置一个省。但是为保证裤子平整，常将其转移至侧缝或前中心线（通常运用在年轻化的裤装和牛仔裤中）。

绘制裤装原型所需的尺寸

测量（概述）

测量部位如下：

· 腰围（同衣身）
· 臀围（同裙子）
· 上臀围（同裙子）
· 侧缝长（外长）
· 下裆长（内长）

· 上裆长——重要
测量方法——人体坐姿时，从腰围线到水平座面的距离。注：测量时，应在人体侧面用直角尺或硬尺测量。

制作高腰裤或裙子时应从腰围线以上开始测量，制作低腰裤时应从腰围线以下想要的水平线开始测量。

裤子原型

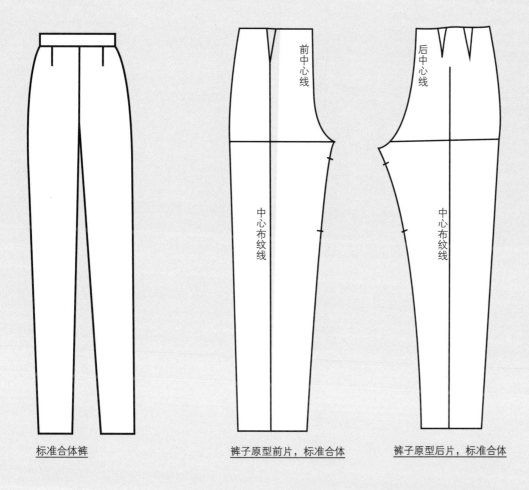

前中心线

中心布纹线

后中心线

中心布纹线

标准合体裤

裤子原型前片，标准合体

裤子原型后片，标准合体

加褶

5

样板的加褶技术可以应用于多种情况下，如加在裙装和衣袖。这里的例子介绍的是如何在特定的区域加褶，而不是给整体服装加褶。173～174页的例子是给裤装整体加褶。褶通常是定位好的，以使褶（折痕）能够从中线倒向侧缝，并且褶量要把省道的量包括在内。需要多少褶量，就将纸样展开多少。

通常用面料或者纸张测试一下，以便确认所需的褶量。一般把中心线称为裤中骨（裤中线）。

不改变脚口的加褶

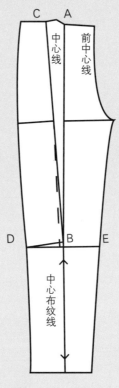

加褶
A−B=66～68cm
A−C=5cm(包括腰省)

分步讲解

这个例子介绍的是不加宽脚口的腰部加褶

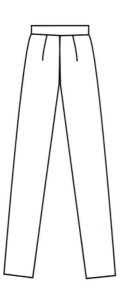

前片

1.拷贝原型的前裤片，标出横裆线，将中心线（布纹线）延长至腰围线及省道处。转移省道至中心线靠近前中心线的一侧。

2.标记出褶的终止点（A−B=66～88cm），过此点画中心线的垂线，将样板剪下。

3.沿中心线从A点剪至B点，横向剪至D点、E点。将其置于一张新的纸上，在腰部展开所需的褶量，将腰省（C−A=5cm）包含在内。在靠近腰围线的中心线处折叠褶量，并画平顺新的腰围线。重画样板，并标出布纹线方向。

后片

直接使用标准的裤子原型后片，脚口围不变。

褶长直至脚口的加褶

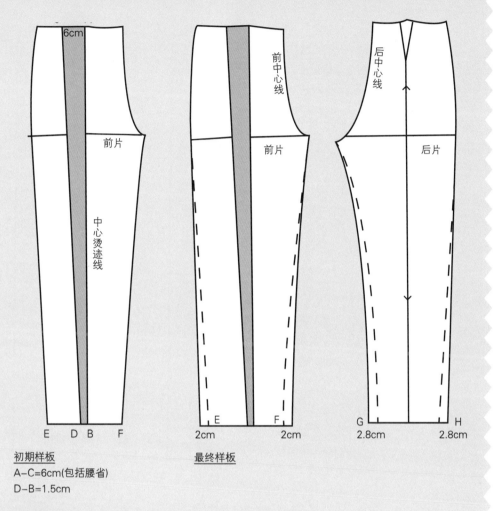

初期样板
A-C=6cm(包括腰省)
D-B=1.5cm

最终样板

分步讲解

该例展示的是如何加从腰围线到脚口线的宽褶。额外的宽度可以加到脚口,如图所示在脚口增加额外的褶量使得裤装更加宽松。

前裤片

1. 使用标准原型,拷贝前裤片,标出相关的省道、横档线、布纹线以及对位标志。根据需要对腰围线做适当调整,剪下原型。

2. 将其铺于一张新的纸上。确定褶的位置——通常是在中心线(裤中骨)与侧缝线之间,以保证前中心线方向与布纹线一致。沿腰围线向侧缝移动腰省使之并入褶中。

3. 沿中心线A-B切展。打开A-C至预定的褶量(A-C=6cm,包括腰省),在脚口处加宽一定的量(D-B=1.5cm)。切展的褶量使横档线不在原来的水平线上。只要保持其与脚口围线平行即可。注意添加中心线。

4. 在脚口两侧增加相等的宽度,使内侧缝(F点)、外侧缝(E点)外移(在此例中两边各加2cm)。脚口侧缝处画直线到臀部,曲线要圆顺,下裆线处要圆顺至裆底。测量下裆长。

5. 折叠上部的褶量,描出腰部轮廓线。

后裤片

1. 使用标准原型,拷贝后裤片,标出相关省道、横档线和中心线(布纹线)。根据需要调整腰围线。先不要剪开。

2. 根据前脚口总增量计算后脚口宽,将总增量平均分成两份(此例为2.8cm),加至脚口线两边(G+2.8cm,H+2.8cm),过H点向侧缝线处的臀部曲线做直线切线,从内侧缝G点到内侧缝顶点作一条圆顺的曲线。

检查前、后裤片的侧缝线长是否一致,下裆线长度在对位点之间是否匹配,适当调整。

5

单褶宽腿裤

该样板是通过前片的单褶来加宽裤身的宽腿裤，其内外侧缝线与裤口线均垂直。该款式更加宽松，由于后裤片加宽，裤子能松散地挂在臀部上端。

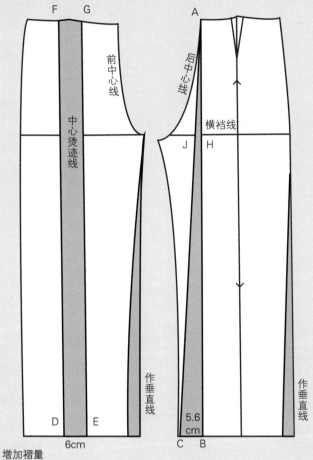

单褶宽腿裤

增加褶量
D−E=6cm
C−B=5.6cm

分步讲解

前裤片

1.根据需要从腰部加入一个至脚口的褶，使得脚口增加量与腰部增加量相同（D−E=6cm，F−G=6cm）。

2.调整，将内外侧缝线与脚口垂直来增大脚口宽。侧缝线与臀部曲线相交，内侧缝线到上部微曲。将对位点转移到内侧缝线上，并测量其长度。

3.在腰围线上沿着中心线（裤中骨）折叠闭合上部分褶，并画顺腰围线。

后裤片

1.拷贝裤子后片原型，标出相关的省道、横裆线、中心线及对位点。将其剪下。

2.作直线A−B垂直于横裆线。沿A−B从B点剪开至A点，在A点处不剪断。将样板放于新的纸上，在脚口处展开一定的量（C−B=5.6cm）以增加脚口宽，使得脚口线与内侧缝线垂直。

3.从侧缝臀围处向下作脚口线的垂线，增加了脚口宽，但该增加量并不要求与内侧缝线的增量相等。

检查前、后裤片的侧缝线长是否一致，内侧缝线的长度与对位点是否匹配，并做适当调整。

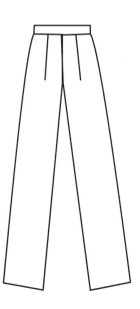

特宽双褶裤

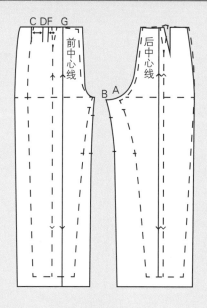

初期样板
A–B=4cm
G–F=6cm(褶量)
D–F=2cm(褶距)
D–C=4.8cm(褶量)

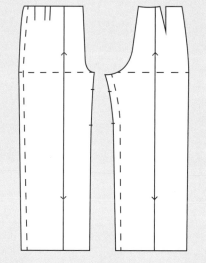

最终样板
A–B=4cm
G–F=6cm(褶量)
D–F=2cm(褶距)
D–C=4.8cm(褶量)

特宽双褶裤

这款裤子就是通常所说的"牛津布袋裤"。该款裤子因在内裆部加入额外的宽度而变得宽大。前中心线几乎垂直于横裆线，裤长也较普通的裤子略长，如图所示。

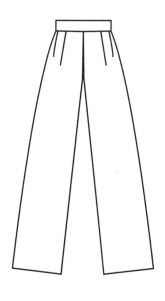

分步讲解

准备
参照单褶宽腿裤。

前裤片
1.将前中心线拉直使之垂直于横裆线，如此便增加了腰部的宽度。

2.沿腰围线向侧缝方向标出追加褶的位置（F–D=2cm），将原型沿横裆线向外移动出另一个褶的量（D–C=4.8cm），同时也加宽脚口。

3.将腰部褶折叠，画顺腰围线。

后裤片
1.在原有的内侧缝线处加宽后裆线（A–B=4cm），新的后裆线应与原后裆线平行。这样做便在前、后横裆之间添加了增量。

2.将原有的内侧缝线向外移4cm，绘出外轮廓，要确保新的内侧缝线与脚口线垂直。

3.或者：后腰省稍稍向侧缝线移动并稍微向其倾斜，保持原有省量及省长，如此可以使后口袋有一个较好的造型线。

高腰裤

5

高腰裤是通过提高腰围线及改变上身比例来达到伸长腿部的效果，在20世纪30～40年代、20世纪80～90年代以及2010～2011年，几度盛行。高腰裤在腰围线以上帖服在身体上，可以美化人体，并且穿着更舒适。高腰裤腰的高度在没有鲸骨支撑的情况下可以达到多大的极限，这主要依靠面、衬料的性能。

连腰裤

此例中，腰头连在裤子上，因为裤子的上口延伸到腰围线以上。理想情况下，腰部延伸的部分要贴合人体，所以需要这部位的测量尺寸。腰部以增加省的数量来分散腰部的余量，尤其在后腰部。

连腰裤

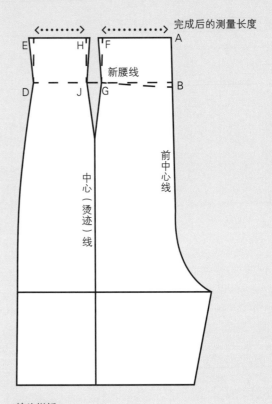

完成后的测量长度

新腰线

中心（烫迹）线

前中心线

前片样板
A–B=6cm
D–E=6cm
F–G=H–J=6cm

分步讲解

前裤片

1.拷贝基本前裤片原型，标出省道、中心线（布纹线）和横裆线。确保腰围线以上有足够的纸绘制连腰。

2.垂直于前中心线做出新的腰围线。从新的腰围线向上画垂线B–A，其距离即为高腰宽（6cm）。

3.从新腰围线上过省道两边和侧缝线向上做垂线。在高腰部分（G–F=6cm）（J–H=6cm）减去适合的省量，在侧缝加量（D–E=6cm）画出高腰部分的轮廓线（注意计算适合的省量）。

4.在顶部画出垂直于前中心线并与侧缝线相交的轮廓线。折叠闭合新腰围线的省道后，再来调节轮廓线使之圆顺。测量该线的长度以确保其正确。

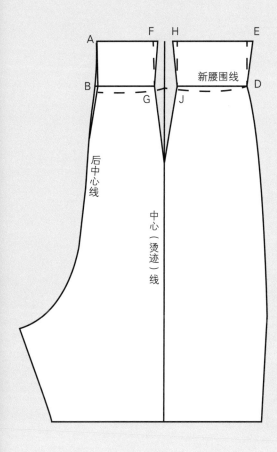

后中心线

中心（烫迹）线

新腰围线

后裤片

1.拷贝基本后裤片原型，标出省道、中心线（布纹线）以及横裆线。确保腰围线以上有足够的纸绘制连腰。

2.垂直于侧缝画出新的腰围线。从新的腰围线向上画垂线B-A的距离即为高腰宽（6cm）。

3.从新的腰围线上过省道两边和侧缝线向上画垂线。在高腰部分（G-F=6cm）（J-H=6cm）减去适合的省量，在侧缝加量（D-E=6cm）画出高腰部分的轮廓线（注意计算适合的省量）。

4.在顶部画出垂直于后中心线并与侧缝线相交的轮廓线。折叠闭合新腰围线的省道后，再来调节轮廓线使之圆顺。测量该线长度以确保其正确。

计算腰头部分适合的量的方法

1.裤片原型可用来计算腰围线以上部分的宽度，但为使其紧身必须减去一定的量（也就是说，要减去样板的松量）。

2.使用标准尺寸表。

3.测量人台。

4.测量人体。

一旦确定整体尺寸，通过样板宽度与实际宽度的差值就可以计算并分配省量，从而得到所需宽度，然后将其等量分配到省道和侧缝。

试穿可以解决任何问题，并且试穿还可以显示是否需要鲸骨。

通常连腰部分需要贴边，如果需要鲸骨就要达到腰部以上。

5

紧身裤/牛仔裤

　　贴体的裤子需要更长的后裆线。此例是为无前腰省的牛仔裤样板做准备。如果设计一条非常紧身的裤子，则优选使用有弹性的面料并且通过中心线缩小样板。最好预先进行面料的弹性测试，然后计算面料的拉伸率，并以此调节样板。如果脚口非常紧，而且面料也没有弹性，那么就需要增加拉链、按扣、纽扣或是开口。另一种设计是在局部插入弹性面料，也可采用其他有趣的设计，以便脚能伸出裤口。尽管本例是为牛仔裤样板做准备，但要注意的是，好的、合体的牛仔裤样板是样板制作中的专业性领域。

　　在弹性面料出现之前，样板通常会裁剪得稍大，待其收缩后再修改。20世纪60~70年代，人们通过泡在热水中使牛仔裤收缩紧包住人体。弹性面料使牛仔裤有了非常紧身的效果，并且在坐下或平时穿着时也不用担心开线。弹性牛仔裤的最大缺点是会下滑，这是因为人体体温会使面料的温度升高，而且躯干部的面料比腿部面料拉伸得更多。

紧身裤/牛仔裤

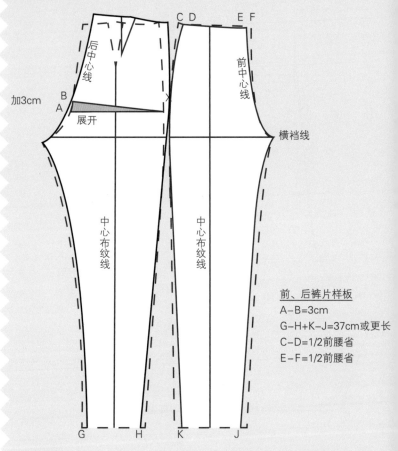

前、后裤片样板
A–B=3cm
G–H+K–J=37cm或更长
C–D=1/2前腰省
E–F=1/2前腰省

分步讲解

　　1.拷贝裤子原型前、后片，并使前、后片的裆线保持在同一水平线上。

　　2.后裤片：从后中心线上高出横裆线6cm的A点作直线，使其平行于裆线并与侧缝线相交于X点。

　　3.从A点剪开样板并拉展3cm，将后中心线增长。这会改变腰围线的倾斜角度。另取一张新纸重新画，把后中心线曲线画得更圆顺。

　　4.前裤片：将腰省量平均分布到前中心线和侧缝线（C–D和E–F）。这将会增大前中心线的斜度，如果看起来太斜（依据人体尺寸），那就把侧缝线处调节得多一点。重画腰围线曲线，与前中心线和侧缝线相交成直角。

　　5.前裤片和后裤片：腿部修身的裤子通过外侧缝围度缩减来实现，故对于没有弹性的面料，脚口的围度应不小于37cm。重画下裆线，挖凹大腿内侧区域的线条。在距离上部6cm和距离脚口54cm的位置标记对位点。

　　6.必要时可调节减少臀围宽度。

加后育克（以低腰裤为例）

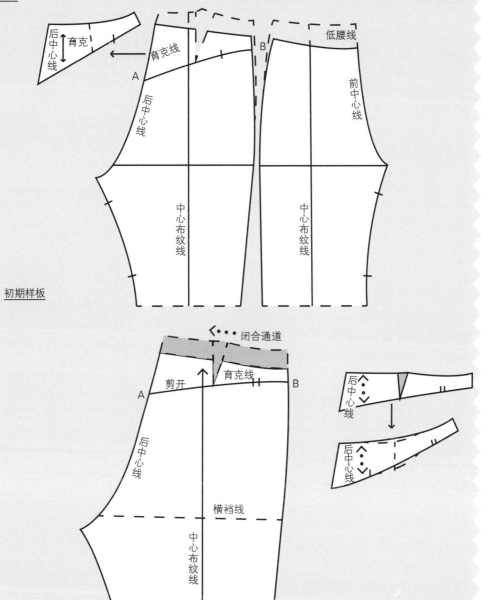

后育克

该方法同样适用于正常腰围的牛仔裤或其他裤子。

初期样板

最终样板

分步讲解

1.拷贝裤子原型后片，本例中以低腰裤/牛仔裤作为原型。

2.闭合腰省，从后中心线上的A点到侧缝线上的B点作一条曲线，且该线经过后腰省的省尖点。这将是育克的大小和形状。

3.标记对位点，沿A-B将育克从低腰裤中剪下。

4.闭合后腰省，将育克缝线与腰围线画圆顺，抹平闭合腰省造成的尖角。

5

低腰裤

低腰裤要求裤装在低腰部位合体，因此需要对低腰处进行准确的测量。在许多例子中，如果腰围线过低，腰头部分不够合体，那么裤子在后中心线的位置与人体之间就可能会有间隙。背部凹处和臀腰比例处最适合用腰头分割，且腰头的后中心线比前中心线略高。腰头一定要从样板上剪下，这样腰头才会弯曲，且适合人体。

低腰裤

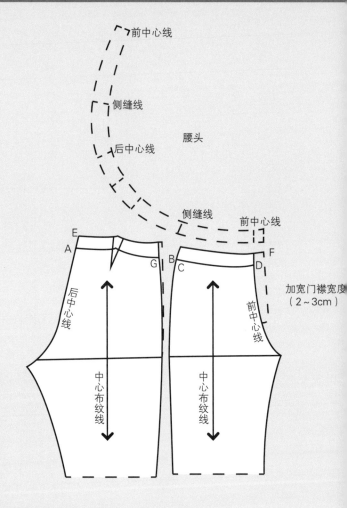

分步讲解

1.前裤片和后裤片：拷贝牛仔裤原型的前、后片，标记中心线、横裆线、后腰省和对位点。

2.在后中心线处标记出新腰围线的位置，从更高的后中心线按原腰围线的形态平行作出新的腰围线。从后中心线至侧缝线画一条圆顺的曲线（A-B），前中心线至侧缝线画一条圆顺的曲线（D-C）。

后裤片

1.通过闭合省道将省量从侧缝中消除来调整衣片上A-B的长度。将侧缝线画圆顺使之与新的点（G点）连接。对于臀腰差较大的体型就不能直接消除，而应保留后腰省。

2.沿腰围线标记对位点，保证当省道闭合时能与裤身匹配（如图为闭合后腰头）。

3.沿侧缝线分离腰头，且闭合腰省后重新将外轮廓线画圆顺。

前裤片

1.平行于前中心线画出里襟的宽度（2~3cm），保持腰围线曲度与里襟线垂直，并且画曲线到拉链末端向下2cm处。伸展部分会被拷贝分割出来用于前里襟（见门襟处分离部件）。

2.沿腰头标记出对位点，剪下并分离出包括拉链里襟宽的腰头。

低腰头

后中心线 前中心线 里襟宽

后中截断、无侧缝线的腰头

对折‹••• 后中心线 后

合省腰

省宽

A

后中心线

B

G

在侧缝处撇去省量

局部放大图

前 后中心线   后中心线 前

里襟宽

有侧缝线的腰头

分步讲解

分离的腰带样板
根据设计需要，或者面料用量，可将后中心线或侧缝线连接。

后中心线
1.将前、后片的侧缝线合并，保留后中心线。
2.在对折的双层纸上描出外轮廓线，标记出对位点，这样对折纸的两边都有了标记。
3.在裤子有门襟的一边标记出前中心线上里襟的宽度，而不是在两边都标记。

布纹线
通常，前中心线即为布纹线。

侧缝线
1.将后中心线放于对折纸的边缘，拷贝出至侧缝线的腰头部分，并标记出对位点。
2.将前片放于双层纸上（不对折），拷贝出至侧缝的腰头部分，并画出对位点。确认里襟宽在正确的一边，并且仅在一侧。

布纹方向
布纹线与后中心线折叠线和前中心线平行。
注：腰头也可以做成一片，但在工业生产中为了节约成本，通常将后中心线折痕作为布纹线方向。

一片样板
1.在侧缝线处连接前裤片和后裤片。
2.将后中心线放在折叠纸的边缘（复制另一半），小心固定好，防止纸滑动产生误差。
3.拷贝出前、后腰头，包括对位点和侧缝位置，且要印到下面纸上。仅在其中一边做出门襟量。

182 **裤装**

5

疑难解答

　　裤子是否合体是根据款式设计和试穿者的体型而定的。通常，由于宽松裤不贴合腿部，所以更容易制作。而紧身裤紧贴着人体和腿部，在裆部往往会出问题。在任何情况下，裆部无褶皱是比较满意的结果，并且裤腿与腿部中心对应。

　　由于要控制的因素实在太多，裤装要做到合体是很困难的。保证腰部到胯部有足够的"裆深"，能提高合体度。这种情况同样适用于低腰裤。

　　通过重新调整侧缝可以解决很多问题。

　　确保样板上有布纹线和横裆线。保持横裆线通过中心线。

常见问题：
· 前面裆部出现褶皱。
· 后面裆部拖拽或裂开。
· 侧缝线扭曲。
· 烫迹线扭曲。
· 臀部下方拖拽。

拉伸
　　裤装的纸样通常会将大腿顶部的内长线从后面"拉扯"到前面，这是因为内侧缝线是弯曲的。

前面裆部褶皱
- 检查前裆线的角度，需要时将其调大或调小。
- 检差前、后裆宽的关系，前裆宽应小于后裆宽。
- 褶皱部位的裆线应更弯（挖取量更大）。

后面裆部沿裆线拖拽或裂开
- 检查整体裆长，可以在后裆线处剪切拉展来增大后裆线的长度（参见牛仔裤）。
- 若人体后腰部内凹或臀部较大，就应在后裆线上减小腰围。如果要减少的量太大，可在样板上设置省道。

侧缝线扭曲
- 叠合前、后片脚口线，检查前、后片的脚口宽。后片脚口宽应略大于前片，调整后可能需要重新标记对位点。
- 检查前、后片的布纹线，布纹线通常垂直脚口边和横裆线。
- 检查臀宽尺寸，臀宽过紧会造成侧缝线歪斜。

烫迹线扭曲
- 检查前、后片的布纹线，布纹线应垂直于横裆线，并穿过裤腿的中心。
- 检查侧缝线长及对位点，如果侧缝线长度不同，保持裤片对位在横裆线上，对两侧缝线做相应的调整。

臀部下方拖拽
- 检查裆线，确保其不能太短，必要时加长，可以增加后裆线下部的长度。
- 检查裆线是否需要挖空。
- 检查小腿部位，确保其不能太紧。可增加小腿宽使面料可以滑动。

连体裤

5

连体裤在时尚界有一个有趣的背景——它起源于解放和革命。1919年，佛罗伦萨人塔亚特（Florentine Thayat）发明了连体裤，并将其作为一种反资产阶级的、通用的服装，其被视为工作服和解放服。1923年，俄国建筑学家罗德奇（Rodencho）和他的妻子斯捷潘诺瓦（Stepanova）发明了象征着革命的连体裤。

20世纪30年代，埃尔莎·谢帕瑞利（Elsa Schaiparelli）将连体裤引入了她的设计系列。到20世纪50年代，紧身连体裤成了海报美女的代名词。

20世纪60年代，前轰炸机飞行员埃梅利奥·普奇（Pucci）获得了"爱米利奥版"（EMILIOFORM）的专利，这是一种由山东丝绸和海兰卡（helanca，一种早期的拉伸纤维）组合而成的织物。面料的弹性使连衣裤具有合身的优点。连体裤成为20世纪60~70年代流行时尚的标志性款式，与各种合身和宽松的款式组合，并被称为"紧身衣"。

猫王（Elvis）、大卫·鲍伊（David Bowie）、弗雷迪·墨丘利（Freddie Mercury）等许多男性流行歌星都在舞台上穿着紧身的连体裤走秀，舞台效果变得极致且媚俗。

几十年来，连体裤以多种形式存在，至今仍与解放和革命有一定的联系。

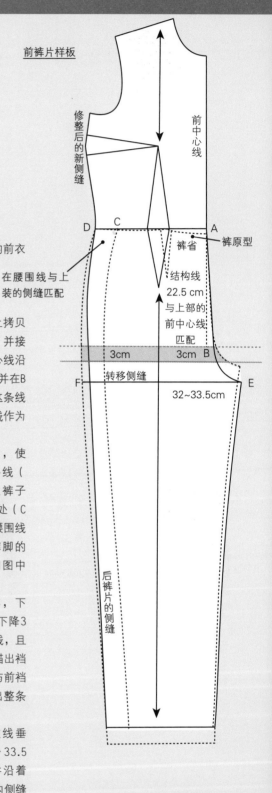

一片式连体裤

前裤片样板

分步讲解

准备

使用具有侧缝省的前衣身原型

前裤片

1.在足够大的纸上拷贝出到腰部的上衣原型，并接上裤装原型。将前中心线沿A-B向下延长约24cm，并在B点的两侧作水平线。这条线将用来为连体裤的裆线作为参考。

2.放置裤子原型，使布纹线平行于前中心线（与上衣一致）。拷贝裤子的轮廓，使裤子侧缝处（C点）的腰部与上衣的腰围线相交，并拷贝出至裤脚的完整的裤子原型（如图中虚线）。

3.调整裤子纸样，下落裆线（在本例中，下降3cm），使其超过水平线，且与布纹线保持一致。描出裆线下端的线条，使之与前裆弧线A-E相匹配。画出整条内侧缝线（内长线）。

4.画一条与布纹线垂直的线条（E-F=32～33.5cm）来表示裆深，并沿着这条线移动纸样，使内侧缝线与衣身腰围线上的D点相交。画出整条内侧缝线（内长线）。

5.使用裤子的原长，并测量新的脚口宽度，脚口比原来的纸样（23cm）要宽。

注：在画出后片侧缝线之后，用它来校正侧缝线的形状。操作步骤为把后片放在前片上，在侧缝线处对齐腰围线和裤口线处的对位点，然后用滚轮滚出后片侧缝线。

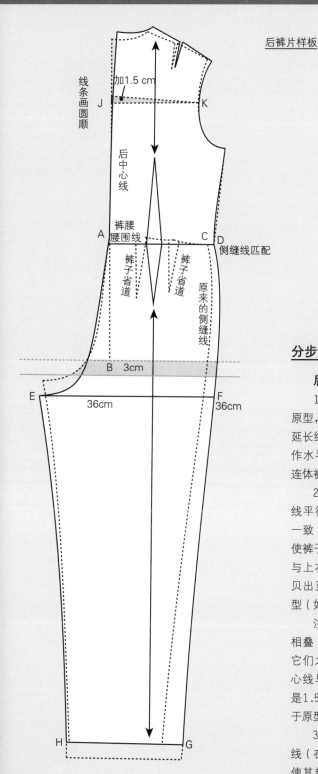

后裤片样板

线条画圆顺

加1.5 cm

J　　　　K

后中心线

裤腰
腰围线

A　　　　C D

侧缝线匹配

裤子省道　裤子省道　原来的侧缝线

B　3cm

E　　36cm　　F
　　　　　　36cm

H　　　　　G

分步讲解

后裤片

1.拷贝出到腰部的上衣原型，将后中心线沿A-B向下延长约24cm，并在B点的两侧作水平线。这条线将用来为连体裤的裆线作参考。

2.放置裤子原型，使布纹线平行于后中心线（与上衣一致）。拷贝裤子的轮廓，使裤子侧缝处（C点）的腰部与上衣的腰围线相交，并拷贝出至裤脚的完整的裤子原型（如图中虚线）。

注：裤腰要与上衣原型相叠（如图中虚线）。测量它们之间的差值（裤子后中心线与上衣相叠部分的长度是1.5～2cm，这个数值取决于原型）。

3.调整裤子纸样，下落裆线（在本例中，下降3cm），使其超过水平线，且与布纹线保持一致。描出裆线下端的线条，使之与后裆弧线A-E相匹配。画出整条内侧缝线（内长线）。

4.画一条与布纹线垂直的线条（E-F=36cm）来表示裆深，并沿着这条线移动纸样，使内侧缝线与衣身腰围线上的D点相交。

5.增加后脚口的宽度，使其比前脚口宽1cm（F-G=24cm）。从腰围线上的D点到脚口，按原型的轮廓绘制侧缝，调整侧缝使其与G点相交。

6.从J点开始剪一道水平线（K-J=13cm），并在后中心线长度上加上衣身下摆和裤子重叠的差值（1.5～2cm）来调整衣身的后中心线的长度（参见部件3）。绘制新的后中心线，并将其画圆顺。

5

一片式连体裤

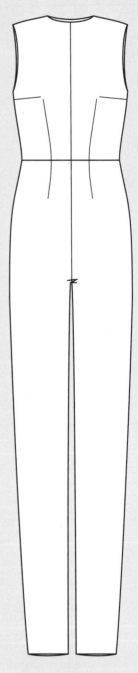

腰部合体（可选）
前后片都使用衣身的腰省，并将
腰省延长到裤子。
所使用的原型不同，衣身比例和
设计的调整变化也不同。裆部的
深度也不尽相同，制作时应根据
身高来调整，身高越高，裆深也
越大。

一片式连体裤

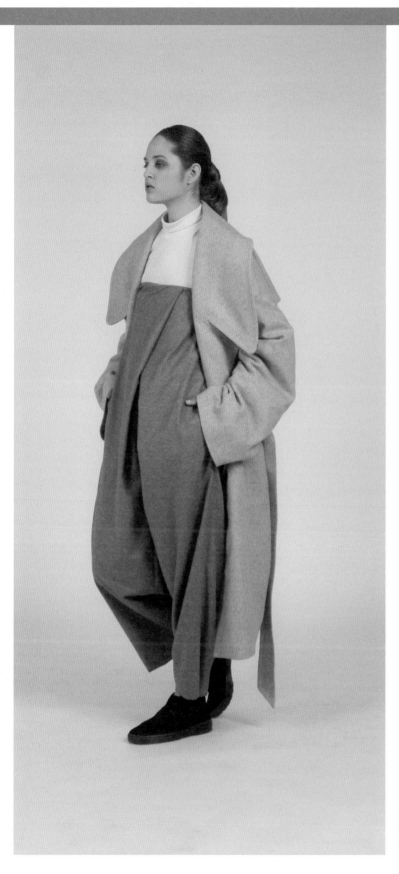

左图
阿里·沙特尔沃斯（AliShuttleworth）
连体裤设计——裆部用有趣的垂褶来
打造。

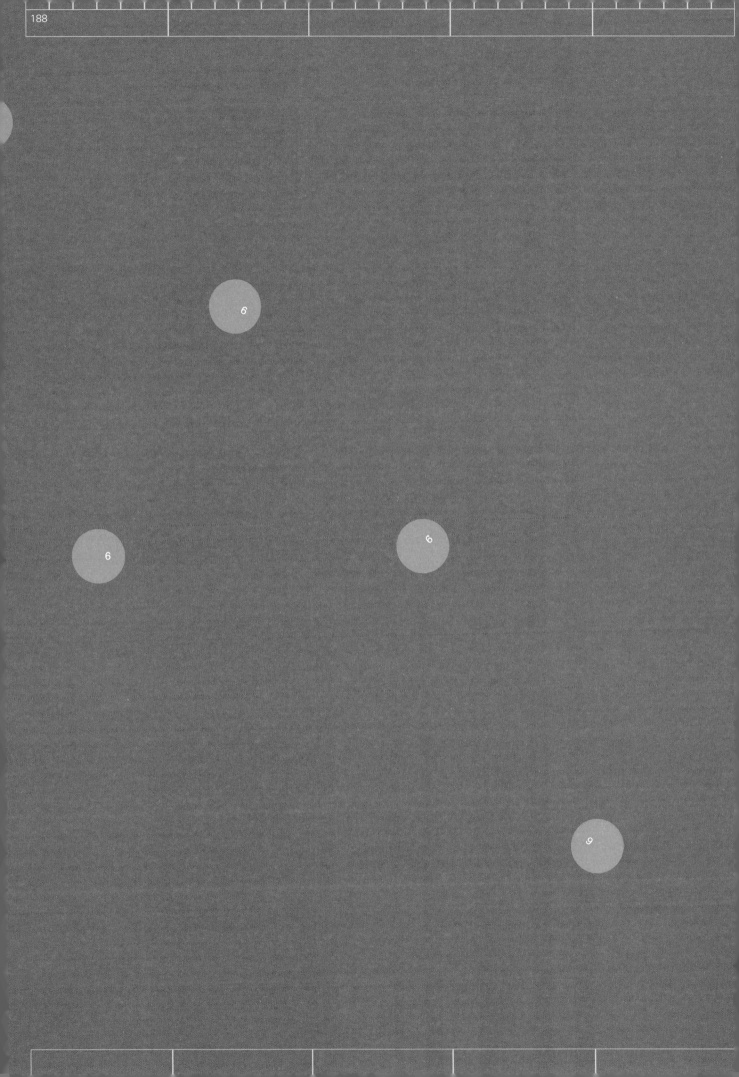

6

6

6

口袋、开口与后整理

口袋有许多不同的变化，口袋的细节可以作为设计的一个关键因素。本章关注侧开袋、贴袋、唇袋、挖袋和牛仔裤前口袋。除此之外，还讲解了完成衣服的最常见的方法，包括绘制前门襟拉链开口、安纽门、包边和贴边。

6

口袋有着迷人的历史。17~19世纪，女人的口袋和衣服是分开的，口袋环绕并系在腰上，通常穿在衬裙下面。它更像是一个小袋或袋子，和如今手提包的用途相似。这些口袋可以用来放各种物品，并且通常是唯一可以用来存放小件私人物品的地方。通常制作口袋时都会注意其与服装的搭配，采用相同或者回收的布料用手工制作，也可以从缝纫用品店买到。由于这些口袋是藏在衣服下面的，衬裙需要在侧缝开口，让手通过。

18~19世纪时，许多口袋被人割断腰带偷走，自此就有了"扒手"这个词。

18世纪90年代，随着时装廓型向高腰、贴身的裙子转变，口袋演变成了一个小的装饰性手袋，被称为"Reticule"（收口手提袋），但它无法完全取代口袋，因为实在是太小了。

19世纪50~90年代末，有文献记载，人们仍然把口袋系在腰上，但同时也把其缝在裙子的侧缝里，这样就不需要用额外的带子把口袋绑在绳圈上了。

女装开始跟随男装的某些方面演变，将口袋缝进衣服的内衬里，最终变得又"暴露"又"隐蔽"。口袋有很多变化，设计师可以把口袋细节作为设计的一个关键方面。

后整理

完成一件服装所采用的具体方法由价格、面料和设计决定。例如，如果使用的是贴边处理方法，那么衣服的边缘处理就很干净利落，无须在上面再压缝线。但如果设计所采用的面料是高级丝绸、雪纺或者是棉的话，那最好采用斜纹面料包边处理。

一些贴边是单独裁剪的，或者是原身贴边——例如，可以将衬衫前中开口的布料翻折到上面作为衬衫的挂面（门襟贴）。

拉链是常见的开口系结辅料，可以做成外露的也可以做成隐形的。本章所展示的暗门襟拉链是后整理比较困难的做法之一。

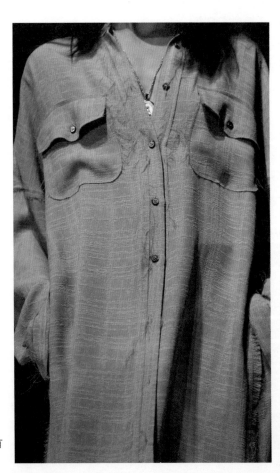

右图
楚萨迪（Trussardi）
2016年春夏
这件衣服的特点是带有纽扣开口袋盖的贴袋。

上图
路易莎·贝卡利亚（Luisa
Beccaria）2016年秋冬
这款口袋使用到了翻盖设计
和一个精致的小装饰。

左图
帕高·拉巴纳（Paco
Rabanne）2016年秋冬
这条牛仔裤上的明线线迹
是用来强调前门襟的拉链
设计的。

右图
珍妮·凯恩（Jenni
Kayne）2004年
挖袋被加入到这款
经典的西装夹克设
计中。

口袋

6

侧开袋

侧开袋可适用于各种情况，由裤子的侧缝线延伸上去构成部分袋口贴边。

侧开袋

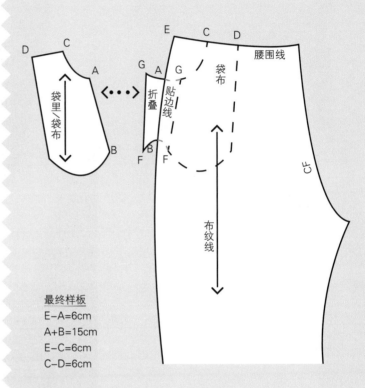

最终样板
E–A=6cm
A+B=15cm
E–C=6cm
C–D=6cm

分步讲解

前片

1.在纸上保证侧缝线边上有足够的绘制空间，沿侧缝线标记出口袋开口位置从E点到A点（6cm）。袋口线A-B要足够长（15cm），保证手可以穿过。直线连接A点、B点。

2.从A点到B点画袋口的大小形状，要确保它能容得下一只手。在腰围线处完成袋布（C点和D点）。

3.袋口贴边:在侧缝线（A-B）内侧2.5～3cm处画斜线（F-G）。沿A-B线向后折叠纸，并描出袋贴边的轮廓，标出对位点。将纸展平，线A-G、G-F以及F-B即为袋贴边，在制作时将其折返。

4.袋里沿线F-G、G-C、C-D以及F-D拷贝出外轮廓。

后片

将侧缝处的样板与前裤片的袋里匹配。

注:通常会连接贴边，所以应当将分离部分的样板拷贝出来。

贴袋

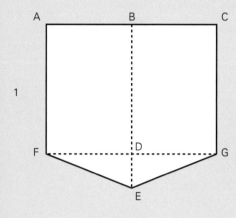

A—B = 1/2口袋宽度
D—E = 2 cm
注：如果是实用性口袋，
口袋开口要足够大，能够
放进手。

1

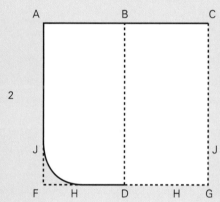

F—H = 2cm
F—J = 2cm
A—B = 1/2口袋宽度
A—C =全口袋宽度
注：沿B—D线对折纸样再裁
剪，确保两边线条一致。

2

贴袋纸样

贴袋的图片
参见190页。

贴袋

贴袋缝在服装表面，所以
口袋是直观可见的。将口袋纸样
固定在坯布或服装上看口袋的尺
寸和形状效果。如果所设计的贴
袋是实用型，那么它就要足够
大，能让手进去，所以也要试下
手放进口袋的效果。

图1
分步讲解

1.绘制一个正方形或长
方形，A—C宽×C—G深（如8cm）
F—G=23cm

2.从A—C中B点，引一条垂
线B—D，并延长至E点，使D—E=
2cm。

3.经过D点画水平线F—G，
这有助于检查纸样是否对称。

4.完成整个纸样A—C、
C—G、G—E、E—F、F—A。

图2
分步讲解

在边角上画曲线

1.像上图一样绘制一个矩
形口袋，但不加额外的长度
（A— C—G—F）。

2.标记距F点2cm的H点和J
点，用这两个坐标点在口袋边
之间画一条曲线，使其沿边角
对角线对称。

3.沿着B—D线折叠纸样，
画出曲线或者将纸样对折后再
剪出曲线，以确保两边曲线
对称。

注：这种在边角上画曲线
的方法同样适用于衣领、袖口
等部位。

6

唇袋

　　把服装剪开，将口袋放在服装内侧，开口位置可用嵌边方法处理，这样在衣服表面口袋唯一可见的就只有嵌边了。嵌边也可以用在挖袋的袋口上，嵌边是两个斜裁或者直裁的折叠起来的布条。当把口袋插入一块面料中时，在剪开位置需要一定的缝份，嵌边的作用就在这里。唇袋的图片参见195页。

唇袋

唇袋纸样

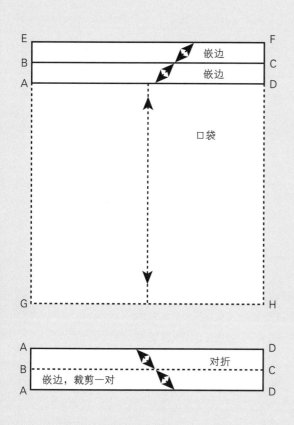

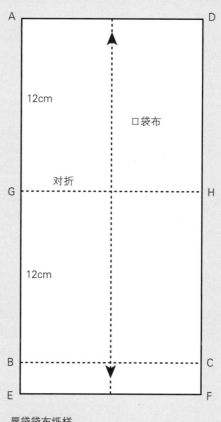

唇袋袋布纸样

分步讲解

1.以口袋的宽度和深度为长宽，绘制一个矩形，加上嵌边的尺寸。例如：

A-D=13cm（口袋宽度）

A-G=12cm（口袋深度）

A-B=嵌边深度（1cm）

B-E=A-B（1cm）

E-G=14cm

画出嵌边看看它们的效果。

2.袋布：绘制口袋A-G、G-H和H-D。留出足够的空间可以画2倍的口袋深度。画出折叠线H-G。

再垂直向下画出B-G和C-H（如12cm），画出2倍的袋布长，还要加上嵌边B-E和C-F的宽度（2cm）。

3.嵌边：绘制一个矩形，其宽度为口袋宽度，长度是嵌边成品的2倍。标记布纹线，直纹或者斜纹。例如：

A-B=1cm（A-B-A=2cm）

A-D=13cm（口袋宽度）

画出折叠线B-C。

6

挖袋

　　挖袋的口袋部分也可以隐藏在服装里面，衣服表面口袋唯一可见的只有嵌边。当把口袋插入一块面料中时，在剪开位置需要一定的缝份，嵌边的作用就在这里。嵌边通常折叠成双层。挖袋的图片参见191页。

挖袋有一定角度

挖袋纸样步骤1

步骤1

A-B=口袋宽度（如13cm）

A-C、B-D=嵌边带宽度（如2.5cm）

注：A-C、B-D平行于布纹线或前中心线。

袋布：

C-E=口袋深度（如10cm）

过E点画垂线E-F

过F点画垂线F-D

步骤2

沿A-B线描出嵌边，然后折叠

步骤3

袋布：

加上1.5cm（或视面料厚度决定）的缝份D-E和C-F，能够填补制作嵌边时留下的空隙。

注：所有纸样都不留缝份。

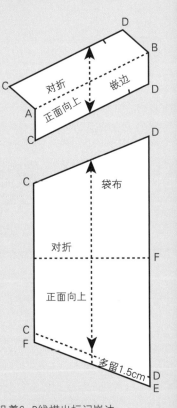

分步讲解

　　1.画一个矩形，其深度和宽度与口袋的宽度和深度（均包含嵌边）一致。通常来说，嵌边都是斜着的（有一定角度），如本例：

A-B=13cm（口袋宽度）

A-C=2.5cm（嵌边）

A-E=10cm+2.5cm=12.5 cm（口袋的深度加上嵌边宽度）

B-F取决于口袋的角度

注：口袋和嵌边A-E、B-F要平行于前中心线和布纹线。

　　2.沿着C-D线描出标记嵌边的切口。沿着A-B线翻折并绘制形状，或在折叠时剪开。绘制布纹线，标记正面向上。

　　3.拷贝袋布。沿E-F线翻折，描出所有线迹。然后展平，增加1.5cm或者更多来降低C-F和D-E。画出布纹线并标记正面向上。

　　注：将纸样的所有部件拼合检查。

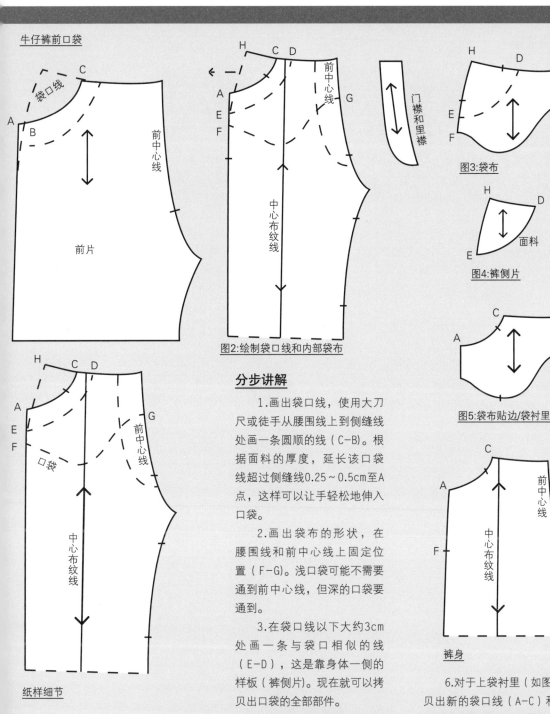

牛仔裤前口袋

袋口线

前片

前中心线

图2:绘制袋口线和内部袋布

前中心线

中心布纹线

门襟和里襟

图3:袋布

袋衬里

面料

图4:裤侧片

袋衬里

图5:袋布贴边/袋衬里

纸样细节

前中心线

中心布纹线

袋

中心布纹线

前中心线

裤身

分步讲解

1.画出袋口线，使用大刀尺或徒手从腰围线上到侧缝线处画一条圆顺的线（C-B）。根据面料的厚度，延长该口袋线超过侧缝线0.25~0.5cm至A点，这样可以让手轻松地伸入口袋。

2.画出袋布的形状，在腰围线和前中心线上固定位置（F-G）。浅口袋可能不需要通到前中心线，但深的口袋要通到。

3.在袋口线以下大约3cm处画一条与袋口相似的线（E-D），这是靠身体一侧的样板（裤侧片）。现在就可以拷贝出口袋的全部部件。

4.拷贝出口袋样板，包括袋衬里和靠体侧部分（H-F、F-G、腰围线以及前中心线），如图3。

5.拷贝分离出靠体侧部分（裤侧片）样板（H-E、E-D、H-D）。E-D线是面料和里料的拼接线。在工业生产中，E-D上部分是面料，放于袋布的上面缝合。E-D以下的袋布是里料，这两片要分开裁剪，如图4。

6.对于上袋衬里（如图5），拷贝出新的袋口线（A-C）和该线以下部分的袋布线。在袋布线上标出对位点，以便缝合面料与里料。

7.在样板上减掉靠体侧部分或沿裤子样板的袋口线剪开，与裤身分离。标记所有相关的对位点。

或者：也可绘制出门襟和里襟（如图所示）。

牛仔裤前口袋

口袋的主要特点体现在其形状、深度以及固定袋布的位置——在腰围线上还是前中心线上。固定口袋布是为了防止其移动和扭曲，如果存在疑问可以查看其他口袋的裁剪及制作方法，这样有助于了解口袋的构成部件。牛仔裤口袋的图片参见191页。

开口和贴边

6

前门襟拉链开口

　　前门襟处有两片或三片样板：一片或两片是里襟，一片是门襟。里襟宽的量一定要与腰带的搭门量一致。

前门襟拉链开口

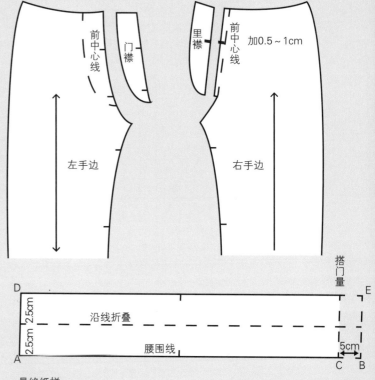

最终纸样
B–C = 3cm
A–B = 腰围
C–E = 5cm
A–D = 5cm

分步讲解

　　1.在前中心线上标出拉链的长度。在前裤片样板上画一条距前中心线约3cm宽的平行线，将该线向下延长画曲线交在前中心线拉链长向下1.5cm处。

　　2.将该样板复制3份，标出平行于前中心线的布纹线。一份样板用作门襟，另外两份用作里襟。

　　3.决定前中心线哪一边装拉链门襟（左边还是右边）。根据需要在样板上标记出面料的正面或反面。

　　4.画一个矩形，长度为腰围尺寸，宽为腰头宽的2倍。一边增加纽扣叠门宽。应使用直尺画出直角。

A–B=裤子腰围尺寸
B–C=门襟宽（3cm）
A–D=两倍腰头宽（5cm）
C–E=A–D

翻折纽扣搭门（如衬衫）

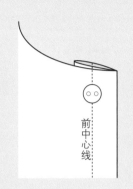

面料向内翻折的搭门

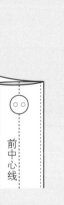

面料向外翻折的搭门

内外双折纽扣搭门

纽扣搭门

纽扣位于前中心线上，使前片呈对称。因此，需要对前中心线进行延展使其与纽扣相适应。向外延展多少由纽扣的尺寸决定，一般来说，大多数衬衫的前片都会延展1~1.5cm宽，这个延展出来的部分就称为纽扣搭门（叠门）。将纽扣放在前中心线上试试〔看图，A–B=搭门宽（1~1.5cm)，与前中心线平行〕。

双折纽扣搭门是把衣服门襟同时向内和向外折叠而成的（见示例）。不用压缝线，只需要扣子和扣眼可以把纽扣搭门固定住。双折纽扣搭门只适用于精细衬衫料，不适用于厚重的面料。

搭门也能够进行折叠，这样就能在表面进行处理。这种做法只适用于正反面相同的面料——例如，男装梭织条纹衬衫料，在搭门上压缝线就能使得搭门看上去是与衣身分离开来的（见示例）。

6

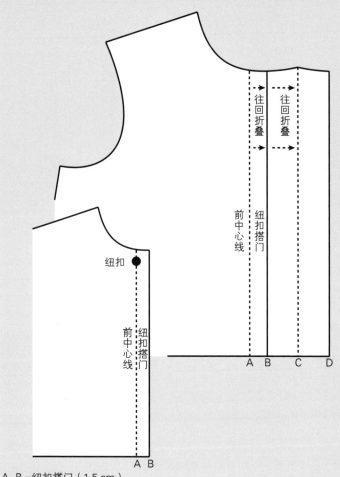

内折纽扣搭门

A-B =纽扣搭门（1.5 cm）

B-C =纽扣搭门两倍宽（3 cm）

C-D = B-C（3 cm）

翻折纽扣搭门样板

分步讲解

1.增加纽扣搭门A-B(如1.5cm)。留出足够多的纸张用来折叠。

2.B-C=2倍纽扣搭门宽度(如3cm)。

3.C-D=B-C(如3cm)。从D点开始往上直线剪开。

4.沿C点垂直向上的直线把纸张翻折进里面。纸张的外缘线应该与纽扣搭门的边缘线(从B点向上画线)一致。

5.回折纽扣搭门的边缘，并将上面折叠出来的双层结构再向内折叠。在所有纸上画出领口曲线。

6.展开并画出领口线，注意领口线不会是直的。

注:按照上述方法向外翻折，将纸张向外转至衣服正面向上。

加上纽扣搭门的前贴边

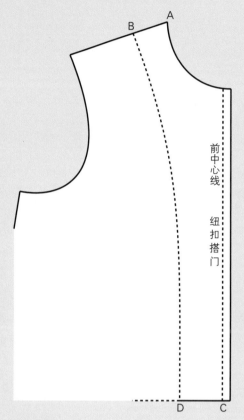

前中心线

纽扣搭门

最终纸样

贴边

　　贴边用于衣服的收边处理，通常用在领口、袖窿和腰部底边的位置。当底边或者袖口不呈直线，且无法翻折时就可以使用贴边的方法处理。在定制服装中，当你把衣服从里面翻出来看的话，就能看到翻领的贴边。

　　一般来说，贴边与纸样收尾部分的边缘轮廓保持一致（如袖窿弧线、领口线等）。所以只要纸样主体画好了，贴边纸样是很容易画的，只需要拷贝下来就行了。

分步讲解

　　1.加纽扣搭门。

　　2.沿肩线，A-B=4cm。

　　3.沿着底边线，C-D=5cm。

　　4.用一条曲线连接B-D，当它向下摆移动时，这条曲线要与前中心线平行。确保这条线在B点和D点与肩线和底边垂直。

6

领口以及袖窿的连片贴边

　　无袖服装的领口以及袖窿的贴边通常是连成一片剪裁的，这样做是为了避免贴边松散并滑到外面。贴边的深度取决于下面几个因素：面料的厚度和纹理（无论面料是否有衬里和其他设计特点）。确保贴边深度足够使其不易滑出是十分重要的，但是也要保证其避开胸省位置。肩线应缩短0.5cm，使袖窿弧线的接缝向内微卷。如果背面的贴边不够深的话，可以将后肩省闭合（如有必要，肩省可向下稍微延伸一点到贴边的边缘）。

腰部贴边

　　如果没有腰头的话，可以在腰部处用贴边处理下摆。

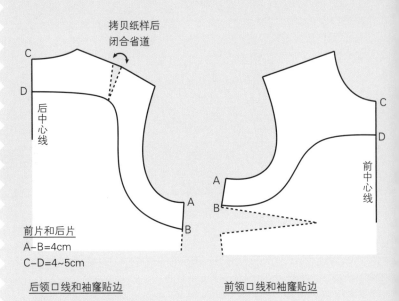

向内翻折的门襟

拷贝纸样后
闭合省道

后中心线

前片和后片
A–B=4cm
C–D=4~5cm

后领口线和袖窿贴边

前中心线

前领口线和袖窿贴边

分步讲解

后片

1.侧缝上的A–B约4cm。

2.后中心线上的C–D长4~5cm。

3.画一条平滑曲线连接B–D，使其与袖窿保持相同距离，并确保其与侧缝和前中心线垂直。画一条靠近或穿过肩省末端的线。折叠闭合肩省。

注：使前、后片贴边在侧缝处的长度相等，并将侧缝拼在一起检查曲线是否为流畅。

前片

1.侧缝上的A–B约4cm。

2.前中心线上的C–D长4~5cm。

3.画一条平滑曲线连接B–D，使其与袖窿保持相同距离，并确保其与侧缝和前中心线垂直。

腰部贴边

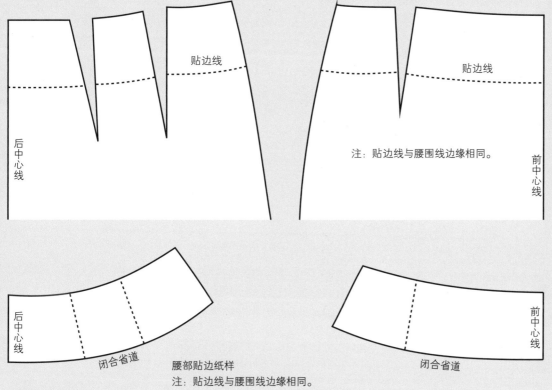

贴边线

贴边线

注：贴边线与腰围线边缘相同。

后中心线

前中心线

后中心线

闭合省道

腰部贴边纸样

注：贴边线与腰围线边缘相同。

闭合省道

前中心线

腰部贴边纸样

注：贴边线与腰围线边缘相同。

分步讲解

1.拷贝出衣身上部（如半裙）的前、后片的腰围线、后中心线以及侧缝线。

2.测量腰围线贴边的底边长，由于腰部省道之后要闭合，测量时跳过省道。

3.沿着贴边线剪开，折叠闭合省道，使它们不存在于样板中。再次拷贝样板，把有折叠省道的位置的线条画圆顺。

注：由于贴边裁剪的范围有折叠省道，最好制作一个完整的样板，况且这些部件很小，布纹线和衣身相反也没关系。

7

可持续性和时尚

　　可持续发展是当今时装设计师和制板师的主要关注点。本章探讨了影响时装设计的一些关键问题，并展示了更可持续、减少浪费的样板裁剪新方法。

解构等级体系和传统

7

　　我们目前面临很多关于地球资源枯竭的讨论和问题，如"石油峰值论"、全球变暖的后果。不论事实如何，我们都不能盲目地不去考虑采取措施，而是要减少我们的行为对地球造成的影响。

卡洛·佩特里尼（Carlo Petrini）

　　等级制度和体系是一个需要解决的根深蒂固的问题，这需要从不同的角度来看待，应该将重点从我们消费的原因和方式，转移到更新的消费行为模式。可持续发展的核心是要求我们减少财富创造体系对资源使用的依赖，并重新计算我们与消耗速度的关系。

消费和浪费

　　作为人类，我们都需要着装，但是我们不用每天去选择穿什么也能够轻松地生活。选择带来浪费，并且考虑到我们从环境中获取的90%的资源会在3个月内就被浪费掉，我们确实应该关心消费和浪费的问题。

　　关于为什么我们要发展唯物的行为理论已被很深入地讨论过，产品营销——尤其是时尚——进一步解释了该行为。设计师、学者、理论家乔纳森·查普曼（Jona-than Chapman）著有《感性耐用品设计：对象、体验与移情》（*Emotionally Durable Design：Objects,Experiences and Empathy*）一书，他提出对事物赋予情感已有一段很长的历史。甚至在早期文明中，价值会被赋予给某些物品，如能治愈伤口的石头和神圣的羽毛，该物品的拥有者也会被授予某种权力。同样，拥有一只普拉达（Prada）包就代表着了解潮流趋势，并意味着某种优越感和权力。

　　19世纪工业革命后，西方世界的大众消费主义得到爆发式增长。人类社会从集体的、精神上的共同体意识转向更个人主义的唯物主义和个人所有物意识。

　　20世纪50年代的后现代时期，这个转向就意味着产品的功能被其内涵取代，产品变为自我的扩展和表现的一种象征、符号和标志。

美学与设计

理查德·海因伯格（Richard Heinberg）在《衰落巅峰：走向衰退的世纪》（*Peak Everything: Waking Up to the Century of Declines*）一书中陈述："在20世纪期间，即使是最杰出的工业设计师，也要遵从产品是一种象征意义的表达，其整体特征通过范围、速度、积累和效率等来阐释。"在20世纪50年代，万斯·帕卡德（Vance Packard）写了《浪费制造者》(*The Waste Makers*)一书，介绍了产品的"计划废弃"的概念。这一概念是嵌入到产品，特别是时尚服装当中的，服装不一定没有使用价值，但其在时尚周期中已经过时了。因为每一季或换季时便会需要新时尚元素的服装。

此外，人口增长、旅行和交流促进了设计创新，可能是因为思想的交流、竞争以及社会变化。通过创新，西方文化已经创造出专门的工具来减少许多劳动密集型工作，从而提供给我们更多的时间去实验和创造。时尚为我们提供了一个机会，通过文化变迁和价值的理想化观点去不断地重新改造自己。不论是去探索性感还是社会地位，这种改造都很好玩，也极具期望。

设计的完整性

理查德·海因伯格认为审美已经退化，对于我们消费的产品，我们所产生的不是审美上的自豪感，我们更引以为傲的是我们对它们的所有权。在现代科技出现之前，工匠们创造了我们现在生活环境和使用的物品，时间和技能为作品注入了灵魂和生命。玛伦·斯塔普莱顿（Maureen Bampton）引用《视觉》杂志说："人类工艺具有生命，它是真实的、具有灵魂的——所有精华品质都延续到21世纪。"

设计在消费者如何与时尚产品接触中起着关键作用，设计师必须学会理解并参与到人们在涉及时尚和个性时表现出的反复多变和复杂的情感问题中。可以这么说，设计师获得的是工作和经济上的成功，消费者被看作目标市场来开发。追求时尚的消费者可能会狂热地喜欢上某件服装，但是一旦出现备选款式，其兴趣会很快消退，转而去追求更新的款式、造型或者颜色。

查普曼认为，这是由于设计本身没有消费者参与，所以就没办法持续吸引消费者，从而新的设计或替代品层出不穷。

因此生产和消费是持续的。设计是创意和创新的连接点，创新可以提供解决可持续性问题的办法。

快乐时尚并存于意识和责任。

样板裁剪和浪费

7

　　在服装制作中，制板师对决定如何使用材料有重要作用。通过制作可以重复利用样板，或者用可循环利用的材料制作样板，制板师已经开始限制产品所需材料的数量。

历史背景

　　传统的服装裁剪方法需要的样板形状各不相同，因此限制了重复利用的可能性，除非生产量足够大，或者重新将部件和其他服装组合。例如，20世纪80年代，很流行袖子或针织衫衣身和梭织面料组合起来生产夹克和服装。

　　20世纪30年代，玛德琳·维奥内为了面料的垂坠效果，设计的服装经常是几何形状的剪裁，主要为正方形和矩形。这可以被认为是可持续性的实践方法，因为面料的形状可重新使用到其他服装上。有人认为服装再次造型为更简单的廓型会更好。

面料的再利用

　　有很多方法可以重复使用材料，正如前面提到的，回收衣服的部分或部件的想法并不新鲜。纱线的循环利用通常会降低产品的质量，被称为"下降性循环"。在重复利用面料、纱线和服装的过程中，能够保持或提高产品质量，被称为"升级再造"。

　　有许多设计师会回收利用服装材料，以不同来源的材料再创造新的服装。这种方法不仅不会改变材料的原始状态，还能保持它原有的特性和质量。

　　可循环服装衣片的形状和尺寸决定了你可以用它来做什么，这些制约因素极富挑战性，决定了最终的结果。这种服装的样板可能与传统的样板不同。

右图
刘马克（Mark Liu）
刘马克独特的裁剪技术为他的"零浪费"服装系列作品节省了15%的面料。

多数服装产品生产完成后都会有剩余面料。订单的取消以及合格率提高，都成为产量减少的原因，该过程浪费的材料被称为"生产后废料"。设计公司"来自某地"就是利用生产后废料再创造设计。为了从不同类别的可利用面料去创造不同的服装（这是协调的，在商业上是可行的），需要将许多面料组合在一起，这意味着需要根据面料大小来制作样板。这种设计和样板需要通过比例搭配将不同的面料与颜色调配在一起。

设计、样板裁剪以及零浪费

当代服装产业中，设计、样板、裁剪和制作都是造成浪费的环节，可通过几种方法解决。"零浪费"是一种新的样板裁剪方法，也就是制作的样板在裁剪时可以充分利用面料。设计师刘马克已经开辟了这种裁剪方法。在他的第一个系列服装中，他将交织线制成镂花效果来构成衣片，然后将这些交织线剪开、组装成衣片，最后用剩余的面料作为装饰。

【案例研究】
卡西·诺尔斯（CASSIE KNOWLES）

正如零浪费所暗示的那样，不应该浪费面料。设计受面料幅宽的影响，关键纸样形状之间留下的所有"负"空间都被纳入设计当中。这就涉及通过精确测量来解决问题。这个例子演示了在不浪费任何一小块面料的前提下，如何完全地利用一块矩形织物来制作出一件简单的带帽夹克。

前装饰贴片 9cm × 16cm	后装饰贴片 9cm × 16cm				
兜帽 26cm × 40cm	兜帽 26cm × 40cm	前贴边8cm × 60cm			
		前贴边 8cm × 16cm	口袋布 18cm × 22cm	口袋布 18cm × 22cm	袖片 55cm × 40cm
		商标 10cm × 16cm			
前片 84cm × 28cm	前片 84cm × 28cm	后片 84cm × 56cm	前上片 42cm × 28cm		
					细绳 110cm × 10cm
			后上片 42cm × 28cm	袖片 55cm × 40cm	

190cm × 110cm

卡希·诺尔斯——零浪费
纸样同时也是面料的"分布"

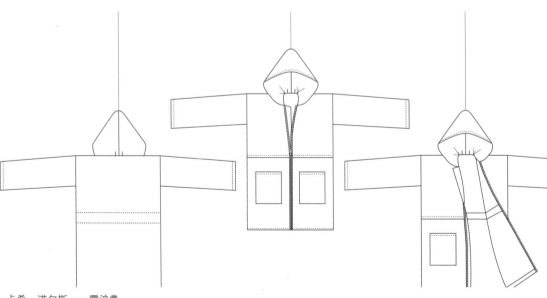

卡希·诺尔斯——零浪费

该图展示了由一块面料组成的所有部分的设计，包括开口。

多功能服装

可持续性的另一种实现方法是制作具有多种功能的服装，这样一件服装就可以有多种使用方式。

例如，盖尔·阿特金斯（Gayle Atkins）的设计理念就是创造出"慢时尚"服装，这种服装有多种穿着方式。她希望制作出方便消费者创新的多功能服装。

她最初设计的是只需一些简单的调整就可以变为袋子的裙子。设计细节包括可调节的肩带，抽绳下摆，再造的皮革和可拆卸的口袋，并且服装还是可回收的。

她还考虑使用裁剪后的边角料做服装的口袋。

盖尔·阿特金斯的"袋裙"
盖尔·阿特金斯创造了可以通过一些简单调整变为袋子的裙子。

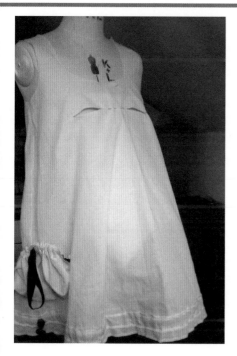

样板裁剪中的几何学

7

　　几何形状的纸样裁剪并不新鲜，它可以成为一种有趣的方式来实现不同寻常且复杂的形状和服装。早期的服装使用简单的几何形状，通常可以实现零浪费，加上服装易于组装。维安勒（Vionnet）夫人用简单的几何图形创造了复杂的设计，伊莎贝尔·托莱多（Isobel Toledo）的包装裙设计更加现代，这条裙子使用了两块圆形面料，但在颈部、袖窿和裙摆的位置上有所设计。这些设计原则是开始尝试几何样板剪裁的好方法。下面的例子提供了实现这个想法的方法，并展示了该技术能达到的创意性。

【案例研究】
艾丽·帕特里奇(ELLIE PARTRIDGE)

　　艾丽的作品是一种"圆的狂欢"，她探索了运用圆形的各种方法。她的作品中采用了大量的圆形和多层设计，使服装有厚重感、垂坠感且易于活动。不同重量的面料变化在美学和行为学上产生了微妙效果。

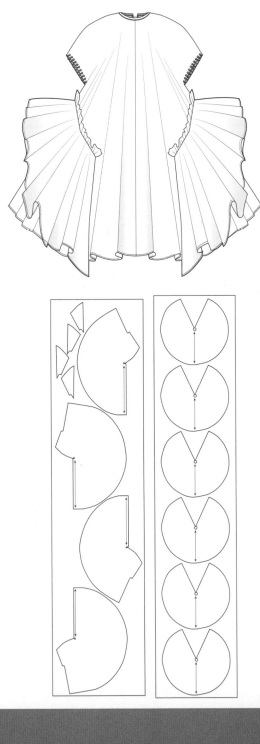

【案例研究】

朱丽安娜·西森斯（JULIANA SISSONS）

我们大多数人都是用传统的衣身原型作为服装纸样设计的基础；英国时装协会的制板师朱莉安娜·西森斯提供了一种不同的设计方法——通过使用几何形状的样板来设计服装，这样设计出来的服装提供了一种自由的、多样的穿着方式。这种样板剪裁方法要求设计者有着有趣的、探究的思维框架来设计服装。设计想法是自己产生的，而不是其他事物的反映，在这一过程中样板剪裁就成了一个时尚设计工具。

半圆形和三角形的样板剪裁

可以用圆形、正方形、长方形和三角形面并多层叠加来设计服装。这些样板可以被绘制带有连接点信息的图表。

下面有两种可以尝试的样板。通过这些简的服装形状的说明之后，可以进一步探索在你设计中可添加的细节。

1.半圆形上装：由4个半圆和2个正方形或2圆形和2个正方形组成。

2.三角形上装：由2个大三角形和2个三角形1个半正方形组成。

半圆形上装——前片呈圆形并自然垂下

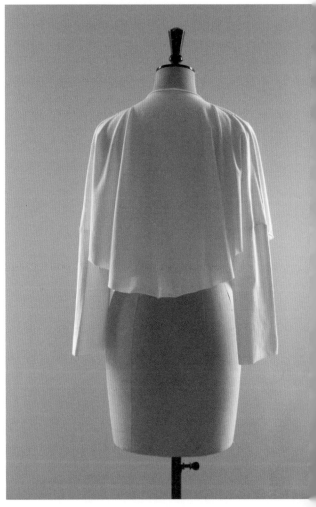

半圆形上装：

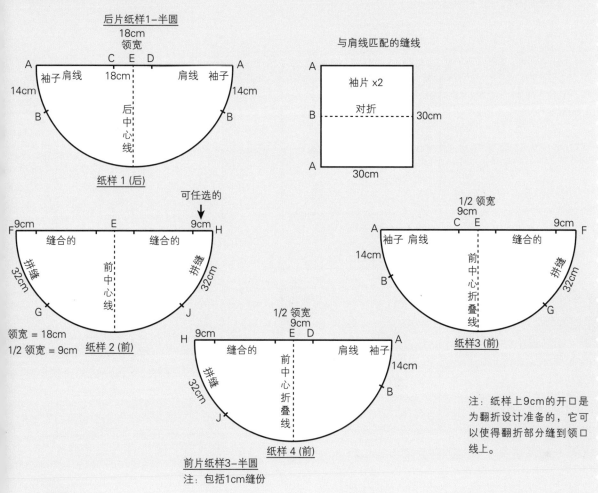

后片纸样1-半圆
18cm
领宽
A　　　C E D　　　A
袖子 肩线　18cm　肩线 袖子
14cm　　　　　　　　　　14cm
B　　　　后中心线　　　B

纸样 1（后）

可任选的
9cm↓
F　9cm　　　E　　　　9cm H
缝合的　　　　　缝合的
拼缝　　　　　　　　　　拼缝
32cm　　前中心线　　　32cm
G　　　　　　　　　　　J

领宽 = 18cm
1/2 领宽 = 9cm　纸样 2（前）

与肩线匹配的缝线

A　　　　　　　　　A
袖片 x2
对折
B　　　　　　　　　30cm
A　　　30cm

1/2 领宽
9cm
A　　　C E　　9cm F
袖子 肩线　　　缝合的
14cm　　　　　　　　拼缝
B　　前中心折叠线　32cm
　　　　　　　　　G

纸样3（前）

1/2 领宽
9cm
H　9cm　　　E D　　　A
缝合的　　　肩线 袖子
拼缝　　　　　　　　14cm
32cm　前中心折叠线　B
J

纸样 4（前）

前片纸样3-半圆
注：包括1cm缝份

注：纸样上9cm的开口是
为翻折设计准备的，它可
以使得翻折部分缝到领口
线上。

分步讲解

后片=1/2圆，半径为
42cm，包括缝份。

1.纸样1：后片：标记后
中心线为E点，领部开口
C-D18cm，袖子开口A-B
14cm。

2.从E点开始画一条垂
直的后中心线，前片=3个
半径为42cm的半圆（和后
片一样）。

3.纸样2：前片：标出
前中心E点，向下画出垂直
的前中心线。沿圆的边缘
F-G和H-J测量32cm。

4.纸样3：前片：在
前中心线上标记E点，向下
画垂直线作为翻折线。E-
C=9cm（领口线的一半），
A-B=14cm（袖开口），

F-G=32cm。

5.纸样4：前片：在前
中心线上标记E点；向下
画垂直线作为翻折线。E-
D=9cm（领口线的一半），
A-B=14cm（袖开口），
H-J=32cm。

袖子

袖子=30cm×30cm，裁
剪2份。

A-B=15cm，做一条垂
线为折叠线。

可以用不同的方式拼
接上衣：有两种方法，一
种方法是把前片的圆形延
伸过来与后领口缝合；另
一种方法是让其自然垂下
（参见214页）。

拼接组装

1.将纸样3和纸样4的右
侧一起放在圆形纸样2的前
中心线上，匹配相应的字
母——如H-J和F-G。

2.将前中心线上点
E-H-J缝合，形成一道
缝线。然后翻折（缝合缝
迹线）。

3.对E-F-G重复上述过
程。这些缝线形成了前片
自然垂坠下来的垂褶。

4.沿着肩线A-C和A-
D，将后片和前片缝在
一起。

5.沿折线折叠袖口，将
袖子的正面相对，缝合起
来后翻折。缝袖口A-B，将
肩缝与袖底缝相匹配。袖
身能闭合服装侧缝，所以
如果没有袖身的话，要沿
着服装的侧缝压一道短缝
线固定衣身。

6.翻折版：如图所示，
在缝合应该完全闭合的缝线
时，要留出9cm的开口。当
把缝线翻进去时，将9cm长
的未缝合的开口缝合到前片
领口上，以防止"褶皱"。

三角形上衣

三角形上衣

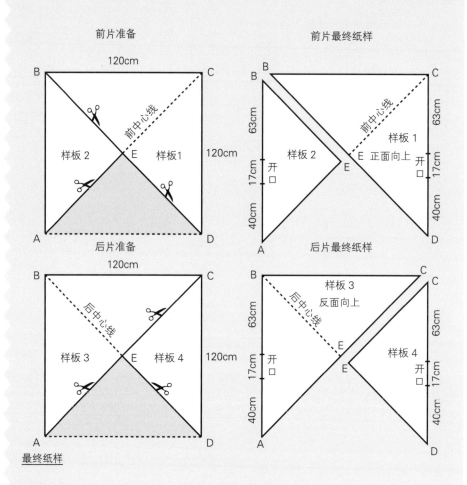

前片准备

后片准备

前片最终纸样

后片最终纸样

最终纸样

分步讲解

绘制两个120cm的正方形。

1.第1个样板前片（半个方形）：画前中心线E-C。如图所示，在C-D线上，标记17cm袖开口。

2.第2个样板前片（1/4个方形）：在线A-B上，如图所示，标记17cm袖开口。

3.第3个样板后片（半个方形）：画后中心线E-B。如图所示，在直线A-B上，标记17cm的袖开口。

4.第4个样板后片（1/4个方形）：如图所示，在C-D线上，标记17cm袖开口。

这些三角形按如下拼合：

1.前片拼接：沿着B-E线缝合样板1和样板2。

2.后片拼接：沿着E-C线缝合样板3和样板4（图中注意正面向上和反面向上）。

3.将前后片对位点A、B、C、D置于外边缘。接缝将会呈镜像，并且彼此不会在相同的位置。

4.缝合外线A到B到C到D，留出可以让手臂通过的开口。

注：上衣从E点开始自然垂下。

【案例研究】
珍妮·克里斯朵夫（Jenny Christoph）

珍妮·克里斯朵夫在德国汉堡为一家小型奢侈女装品牌设计了多年服装，在那里她的职责涵盖了整个系列设计过程，包括采购、纸样裁剪和定制服务。

2008年，在珍妮的教授的推荐下，她开始为伦敦的薇薇安·韦斯特伍德工作。她一开始在高级定制部门工作，后来为"金标签"线系列制作纸样。作为金标签线部门的首席纸样师，珍妮直接与韦斯特伍德夫人和创意总监安德烈亚斯·克朗塞勒（Andreas Kronthaler）合作，为巴黎的成衣系列和时装秀制作服装，还有为高端客户定制服装。

在韦斯特伍德，他们倾向采用实验的方式，将服装推向可穿性的边缘。对韦斯特伍德来说，一个具有历史意义的典型裁剪系统是将正方形和长方形拼接起来，裁剪的原则指导服装的形状。这涉及通过用几何形状的面料进行实验，来从二维面料中创建出三维形状。例如，用不同的方式组合矩形和正方形，切割和插入几何块，并且通常从使用整个面料的幅宽开始。

自2015年7月以来，珍妮一直担任克里斯托弗·凯恩（Christopher Kane）的纸样部门的负责人，负责将她的设计草图转化为原型，从最初的草图到产品开发，再到T台和生产。

7 **样板裁剪中的正方形和长方形**

下面两个示例样板很有趣，也很有挑战性。它们使用的是看似简单的几何形状，使用位移的概念，使服装产生了有着扭曲和褶皱的复杂效果。

方形衫

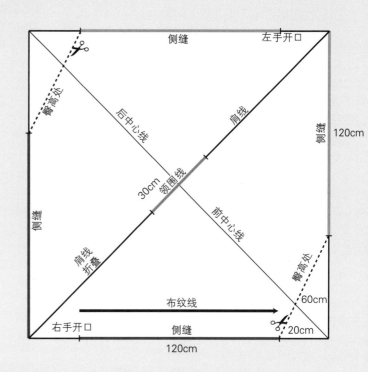

分步讲解

1. 起点是一个正方形。正方形越大，体积也越大。这个例子是一个120cm×120cm的正方形。

2. 将肩线绘制为从一个角到另一个角的对角线，将服装沿着这条线折叠。

3. 从另一个对角再画一条对角线，这些线即为前中心线和后中心线。

4. 领口沿肩线和袖山弧线标记，在前中心线和后中心线相交的两侧相等测量。确保它足够大，可以让头部通过。如果它太大的话，衣服会从肩上滑落下来。这条被测量部分的线将被剪开（如30cm）。

5. 标记袖子的开口，足够大可以让手通过(大约23cm)。例如，这个开口可以更大，可以用弹力材料系结其开口，以达到不同的效果。

注：手开口的大小也会影响侧缝的长度。

6. 找到侧缝的长度，决定上衣的长度应该到臀部的什么位置。此示例是在臀高处，在样板上标记对角虚线，它是根据侧缝的长度进行偏移的。

注：侧缝越闭合，它在臀部的位置就越高，从而产生更多的垂褶。

7. 拼合样板，沿肩线和袖山弧线折叠并缝合侧缝。

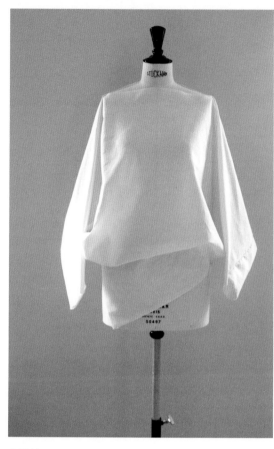

方形衫

长方形半裙

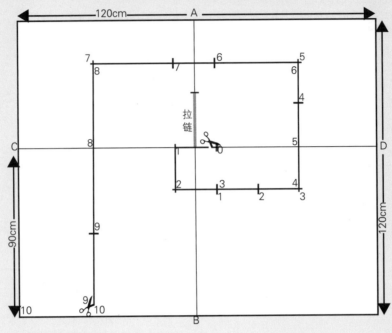

长方形半裙纸样

分步讲解

这种纸样的基本原理是通过将角连接到直线上来创造体积感（量感）。线条内侧和外侧的数字对应于裙部组装时线条的位移，并且是0.25和0.5×腰围尺寸的倍数。该示例的腰围尺寸为70cm。

1.画一个矩形，可能会用到面料的幅宽。长方形越大，裙子就越长。这个例子是140cm(幅宽)×120cm(深度)。

2.在宽度(140cm)的中点处画一条垂直的结构线A-B。

从3/4的深度(120cm)向上(90cm)，画一条结构线C-D。

3.将腰围线测量值除以4，来建立构成正方形一部分的第一条线，从水平线开始，例如，70cm的腰围得到17.5cm。

4.按照线内数字开始画内部方形：0-1=0.25倍腰围

（17.5cm）。在A-B线的两侧均分。

向下画垂线1-2=0.25×腰围(17.5cm)。

水平画垂线2-3=0.25×腰围。

延长穿过3-4=0.5×腰围(35cm)。在中点标记参考点2。

5.从第4点的延长线向上画垂直线。4-6=3×0.25腰(17.5×3=52.5cm)。沿着线标记点5和4，间距为0.25×腰(17.5cm)，见图。

6.从5和6画长度为5×0.25腰围(87.5cm)的直线至7和8点。沿着这条线在长度为2×0.25腰围(35cm)处标出点6，然后在长度为0.25倍的腰围(17.5cm)处标记点7，0.25倍的腰围（17.5cm）。

7.从7和8垂直向下画线直至底部边缘，与线C-D的交点处

标记点8，在线下方2×0.25腰（35cm）处标记点9。

注:你现在应该已经画了一个从中心到底部边缘的方形螺旋样板。

拼合裙子

8.如图所示，沿着从底部边缘到所标记腰部0处剪开。

打开螺旋，旋转并加入第一个内角(1)匹配在外线的(1)。其原理是从内线到外线匹配相应的数字。例如，内(2)连接外(2)，内(3)连接外(3)等。

注:位移在腰部0-3处形成一个方形开口。

9.决定拉链或裙子开口的位置；剪开一个拉链的长度（距自然腰部约20cm）。在这个例子中，拉链在A-B线上，最后落在左侧缝上。

注：这种纸样适用于所有

线条都是网状的时候（没有缝份）。需要调整样板以包括缝份；由于外线比内线长，这样缝制会比较困难，但也会给结果带来无限的可能性。

这个样板没有缝份，需要调整以适应容差。这种方式的挑战在于找到一种方法来增加线之间的空间以创造缝份。

切割线可以是不对称的，这也将产生不同的效果。

在这个例子中，需要裁剪一条单独的腰头。

长方形短裙

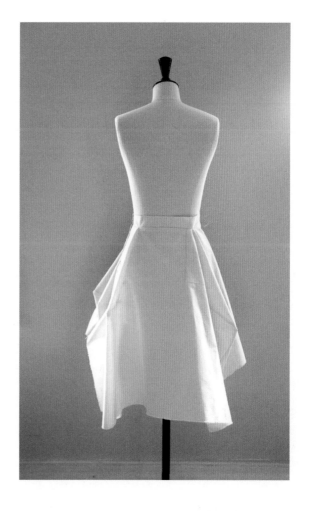

王芳（Fong Wong）

设计师们也正在用可持续的实践观念去探索如何在样板裁剪中将几何图案表现出不同的效果。设计师王芳致力于运用六角形的样板进行整件服装的设计。一个成熟的计算机程序可以使她在裁剪制作之前就看到3D的服装效果。她对六角形的特殊处理创造了肌理感很强的面料质感和非常规的外轮廓，并且通过一系列的六角形可以创造出不同的设计。

"六"是个概念集合，它主要由六角形的结构演变而来。该系列服装结合了传统制作流程以及设计和制造的新技术：

"我的研究灵感主要来自自然界的六角形结构：蜂巢和雪花。蜂巢是利用材料来创造表面和空间的最佳效果。雪花有无限种形态，但无论简单的结构或复杂的结构都是由基本的水分子组成的。从这种基本结构出发，我提炼出构建服装结构的方法，最终完成了服装系列设计。"

图例所示是王芳处理过程的一些结果。原型服装系列主要由六角形组成，该组成过程有无限种可能，并且这种设计方法可以应用于3D设计，尽管最先应用3D设计的是建筑设计。

裙子是第一个被创造出来的服装。设计开始时通过立裁构建单一形状，然后将各部分合并在一起就可以创造出新的形状结构。该形状细分为独立衣片和合并在一起的衣片。立裁过程决定了设计目的，而不是设计师想要设计什么这样一个先入为主的概念。再用轻薄真丝硬纱进行数码印花，完成最终的服装。

时尚就是改变，随着新技术变得越来越普遍，时尚将加速产品的循环发展。该系列使用了传统服装制作流程和新技术，服装综合运用了数码印花技术，在合成面料上运用了打印技术、激光裁剪技术以及超声波技术。

这种制板和设计的方法有助于可持续性的实践，因为六角形状以及其他几何形状可以使面料的浪费达到最小化，因为它们作为拼图可以相互嵌合在一起。CAD和3D软件在设计过程中的运用也可以减少浪费，因为设计已经数字化，而不总是需要用纸质的样板去看设计的效果。将数码印花运用在颜色和样板上也能减少颜料和印染的浪费，因为印花只印在某一特定区域或衣片上。最终，使用可再生、有机或者其他可持续面料完成可持续理念。

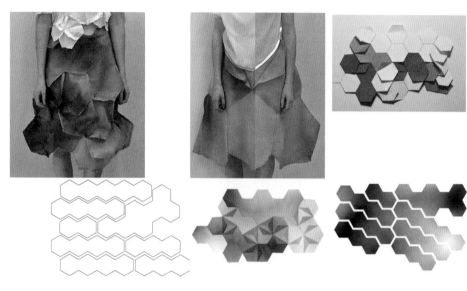

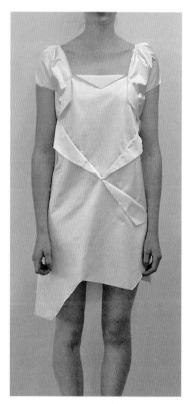

上图
<u>六个六边形的排列</u>
构建服装衣片的过程使得王芳的
设计作品中融入一些无法预料的
设计效果。

224

【案例研究】
费德丽卡·布拉费瑞（Federica Braghieri）

在三角几何中，三角测量法是通过测量从固定基准线的末端或者某个定点到某一点的角度，来决定点位。根据已知的一条边和两个已知角，就可以将某一点作为三角形的第三个点固定。

样板的三角测量技术是由斯图尔特·艾特肯（Stuart Aitken）提出并引入发展到服装领域的，它是一种绘制样板的新方法。人体被划分为一系列的三角形，经过组装形成3D服装结构。

费德丽卡·布拉费瑞对该过程进行实验，并记录以下过程：

"通过在女性身体上划分几何结构，去创造合体的服装结构。这种想法也使我做了很多不同的实验。首先在人台上直接绘制几何形状，然后利用3D测量技术进行样板设计。

我的想法是直接在人台上绘制几何形状，将它们分成三角形，然后测量基本线并记录于纸上，测量两条连接线用圆规找到第三个点从而建立样板。

然后将样板扫描输入进AI软件（Adobe Illustrator）及格柏软件中得到三维结构。激光裁剪后，为创造完美组装的几何形状，我探索了热缝合、胶黏合和机器加工等方法。

研究目的首先是为了得到一种创新的方法。通过使用不同的技术与工艺，创造出结构性的时尚服装以及几何形状的面料肌理。

为达到该目的，我专注于将人体特征作为主要模型结构。通过调查3D和2D软件能够实现的各种可能性，我确定了合适的材料和创新组装技术之间的关系。

该项目从与一个位于伦敦的意大利产品设计师里卡多·博（Riccardo Bovo）的合作开始，他的最新设计是基于Grasshopper软件（一个图形运算程序软件）。他将形状定义为一种算法，并通过导向面建立结构。经激光裁剪后，手工将衣片组装。我的想法是与其合作，以学习这项有趣的数码技术。该技术被建筑师和室内设计师普遍接受，并被应用到服装设计上。

由此出现以下问题：如果将人体作为导向面将会怎么样？

我采取的措施是将3D女体模型输入软件中，修剪到躯干，然后模糊处理，通过减小轮廓清晰度来作为导向面。将其输入到Rhino 3D软件后，我想到用Grasshopper软件，可以直接在人体表面生成几何结构。

随后将最后的结果录入Pepakura Designer 3软件（日本开发的软件，可将3D数据转化为纸张模型），从而将3D模型转化为样板。

不一定每片都会有裁剪线或标记线，使展开的材料处于正确的位置或者稍有偏差，所以就需要衣片要像编织物，激光切割后就可以将样片组装。

每一样片与其他样片都不同，并且只在人体某一位置时才合适。组装就像益智类游戏，每一片只能在一个适合的位置才可以继续另一片。"

这是个创新的设计过程，每个步骤都是通过电脑软件操作的，尽管该软件不经常应用于服装。最终制作出来的服装是合体的，因为是依照人体表面开发的，所以它有完美的形状和合体的尺寸。

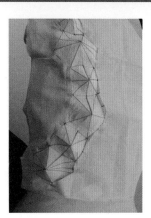

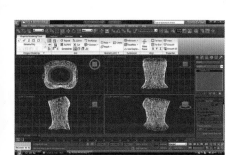

上图
应用电脑的创新
在该项目的整个过程中，费德丽
卡的想法是利用电脑直接在人体
上裁剪出样板。

附录

附录

换算表
（公、英制换算）

　　书中用到的尺寸如下列出，并列出了等量的英制尺寸，最小保留到1/64英寸。

厘米	英寸	厘米	英寸
0.25	$7/64$	10	$3\ 15/16$
0.4	$11/64$	10.8	$4\ 17/64$
0.5	$13/64$	11	$4\ 11/32$
0.75	$19/64$	12	$4\ 47/64$
1	$13/32$	13	$5\ 1/8$
1.27	$33/64$	14	$5\ 33/64$
1.5	$19/32$	15	$5\ 29/32$
2	$51/64$	16	$6\ 5/16$
2.2	$7/8$	17	$6\ 45/64$
2.25	$57/64$	18	$7\ 3/32$
2.5	$63/64$	19	$7\ 31/64$
2.8	$1\ 7/64$	20	$7\ 7/8$
3	$1\ 3/16$	21	$8\ 9/32$
3.3	$1\ 5/16$	21.6	$8\ 33/64$
3.4	$1\ 11/32$	24	$9\ 29/64$
3.5	$1\ 25/64$	26	$10\ 1/4$
4	$1\ 37/64$	27	$10\ 41/64$
4.5	$1\ 25/32$	29	$11\ 27/64$
4.8	$1\ 57/64$	30	$11\ 13/16$
5	$1\ 21/32$	30.5	$12\ 1/64$
5.5	$2\ 11/64$	32	$12\ 39/64$
5.6	$2\ 7/32$	37	$14\ 37/64$
6	$2\ 3/8$	40	$15\ 3/4$
6.5	$2\ 9/16$	43	$16\ 15/16$
7	$2\ 49/64$	46	$18\ 1/8$
7.5	$2\ 61/64$	54	$21\ 17/64$
8	$3\ 5/32$	58	$22\ 27/32$
8.5	$3\ 23/64$	66	$25\ 63/64$
9	$3\ 35/64$	68	$26\ 25/32$
9.5	$3\ 3/4$	84	$33\ 5/64$

术语表

缝份
服装衣片结构线条外增加的面料。

注释
样板、图例和图画说明及相关信息

袖窿弧线长
样板上袖窿的尺寸。

反面缉线
服装上两个近似的衣片,将其反面缝合在一起,然后翻过来。一般在领子和袖克夫以及其他任何双面处理的部位都需要用到反面缉线。

基型
一个主要的样板,可以代表服装的基本型,通过基型可以推出其他样板。

斜裁
按照与水平线呈45°的斜线以及斜向纹理裁剪,这样裁剪的面料在重力作用下呈现出最好的拉伸性和悬垂性。

衣身
上衣的前、后衣片,不包括袖子。

鲸骨
插入衣片里将服装撑起来(它为了控制服装合体性,如紧身胸衣)。

虚线
衣领的翻折线。

胸点
胸省的结束点。

修剪
在曲线及拐角处剪掉部分缝份量。

衣领
完成领口线的部分。

领面
远离颈部的衣领部分。

领座
在颈部直立的衣领部分。

横向丝缕线
参见斜向丝缕线。

省道
样板的一部分,通常为楔形或三角形。省道将多余的面料消除,达到合体的效果。侧缝线也可以当作是分离的侧缝省道。

双排扣
前门襟加宽,可以同时固定前中心线的两侧。

悬垂
描述用面料悬垂下来的方法,或面料成褶裥和褶皱状垂下形成丰满蓬松感的服装。

立裁(在人台上)
在人台上对面料进行处理以构成设计造型,而不是平面样板。有时可将这两种方法结合使用。

钻孔
转移服装样板上的标记点,方便缝合和作为指引线。

放松量
参见缝份和宽余量。

高腰分割线
在胸下围处将衣身分割,分割线以下的剩余部分悬垂下落。

孔眼
用金属环在面料上打洞,或者打扣眼以使绳子能穿过。

贴边
匹配完成服装的毛边部分的样板或衣片,如领口处、腰围处以及服装上不能包边的地方。贴边的样板可从原板上拷贝下来。

试穿
使服装合体的方法,或者调整服装合体性的方法。

拉展
在样板上增加宽度。

平面制板
参见工业制板。

大刀尺
用于画曲线的工具,其形状是弯曲的。

门襟
裤子或裙子装拉链和扣子的开口。

打磨
裁剪时,拆散织物结构的方法。

法式曲线尺
样板制作工具,用于画紧开曲线。

热熔衬/黏合衬
用于加固或使某些服装部位变硬的无纺面料,需要为其剪个额外的样板。

碎褶
将多余的面料紧密缝合起来,以增加丰满感。

三角插片
一片三角形的面料,插入服装的某一部分,通常是边缘,在该部分增加拉展量。

推板
利用一组递增的数据和特定的工具

或电脑增加或减少尺寸。

布纹方向

制成纱线的方向，经线（与布纹平行）纬线（与布纹垂直）。大多数服装以经线作为布纹方向，这样可以防止服装扭曲变形。

布纹方向线

标示布纹方向的直线，样板的布纹线通常平行于原来前中心线与后中心线的经线方向，或者，布纹线在样板中心垂直于腰围线。

连身

口袋、贴边以及衣服的其他部件与主要样板一起裁剪但要翻折的部分。

插布

插于服装某一区域，以增加运动松量，例如，在袖子下面。

底边

服装的底边。

嵌入

将面料或辅料插入特殊部位，例如，侧缝线。

衬布（黏合衬/无纺衬）

专门用于加固服装面料，或者缝在面料上，或用熨斗将其熔在面料上。

唇袋

在开口处镶边的口袋。

翻领

翻折领的上部的翻折部分。

层数

在排料预算中，需要的面料层数。

分床

以不同的宽度裁剪，达到减小用料的目的。

排料

安排样板以使在现有的面料宽度下达到浪费最小化。用于控制面料和生产成本。计算机已经取代了手工排料。

里料

一种较主面料轻薄的面料，通常手感光滑，用在服装里面，防止服装粘在人体上或摩擦人体。

机器缝纫

对衣片拼合或服装缝制锁边一般用直锁缝；对于锁边，如服装边缘、扣眼、底边一般用平式锁缝针迹。

斜拼接

剪掉拐角部分，以避免该区域面料过多，造成隆起。

覆衬

通过缝合或熔合将内衬和面料黏合。

薄纱织物

精细棉麻布的一种薄纱优质面料。（面料的）顺毛方向面料纤维以一种方式倾倒，从而影响面料对光的折射。例如，天鹅绒和缎必须在同一方向上进行裁剪。

缝针

缝针根据手工使用和机器使用，有各种规格尺寸。机用缝针的尺寸一般为70～110号，数值越大，表示机针越细。根据用途的不同，可分为多种类型。例如，正常缝纫时用较锋利的机针，牛仔布一般用较钝、较圆滑的机针，皮革和双轨迹线一般用双针缝制。

剪口（对位点/标记点）

标记缝边匹配的地方。在进行缝制时，对位点非常重要。一般不缝合在一起的两个缝边，它们的对位点标记就不同，这是为了避免形状相似的缝边匹配错误。

纬斜

样板制作时，没有将样板调整至与面料经线平行纬线垂直，也没有斜裁。如果丝缕线不正确或者歪斜，将引起服装扭曲现象。

挂钩

弯曲的钩子，可从专业供应商那里得到。用于悬挂样板以储存。

打板纸

打板纸根据重量、清晰度、污点程度及混杂程度进行分类。如果要进行计算机制板，生产中会用卡纸及塑料纸进行制板。

绒条

面料的纹理在外表面凸起，例如，天鹅绒、毛巾布或毛皮织物等。这种凸起的纹理主要通过线圈成型或者剪断线圈形成。

嵌条

接缝之间插入一条狭窄的长条，主要是用于装饰。嵌条通常有不同颜色，或者用不同面料制成，它的里面有一条薄的丝绒绳。

旋转法

转移省量而不用将样板剪下转至新的纸上。

口袋

通常是由按经向或斜向裁剪的面料缝合而成。

褶

在边缘处将多余的面料折叠起来。如果加入更多的褶，它们长度必须相等。

绘图机

用于数字化制板的机器。

熨烫

加热熨斗来处理缝边以完成服装的制作。

工业样板

将最终修改好的样板用于工业生产，可以是卡纸、塑料或是数字化等形式。

绗缝机

将两种面料缝合在一起，中间夹一层柔软的里料，以增加厚实感，并起到装饰作用。

翻回

从面里翻回到服装面料的正面，通常用于领子。

翻折线

将衣领翻折至衣身所形成的折线。

卷条

窄的、经翻回的布条，用于条带、扣眼及装饰。采用斜裁进行裁剪，并有条状样板。

抽摺

在梭机上用弹性线缝制面料形成细褶，用手针缝合并在某处固定形成细褶。样板上应标记褶的比例并且有对位点与之相匹配。

布边

机织面料经纱方向的边缘，经纱完成面料并将面料固定于织布机上。

切展线

例如，样板上的一条剪切线，剪开后可以增加展开量或者三角插片。

切展线以及延展

通过切展，在样板上沿切展线剪开，旋转展开以增加宽度。

袖山（袖头）

袖子的上部，与肩线相连。

呈直角

参见修调样板。

直丝缕

沿面料经线方向的样板。

消除余量

在平面样板中移除余量，例如，在样板或者衣片上设立省、褶或者分割线。

假缝

暂时性的用手针将衣片缝合。

样衣

检测样板是否合体。样衣制作时应使用相同的面料，包括运动印花棉布（或者平纹未染棉布）。

放松量

在人体尺寸的基础上增加的量，一般在胸围、腰围、臀围上增加放松量，以保证运动舒适性。

滚轮

用于拷贝样板或者样衣上的信息的尖锐工具。

修调样板（一般在拐角处）

修调样板，使连接的两条线互相垂

直（例如，在肩部、袖窿、侧缝等）。另外将曲线画圆顺，并检查两条缝合线长度是否匹配。也就是常说的"呈直角"。

育克

样板和服装上的余量，通过接缝将其消除。

卷边/折边

样板或者服装上额外的量，在底边将其折回去。

开衩

为保证运动舒适性而设计的狭缝或褶状开口。

经纱

面料的基线且是垂直走向，在机织物中起固定作用的纱线。

纬纱

面料中的水平纱线，与经纱垂直，稳定性较小，通常决定织物的风格特点。

滚条

用于包口袋开口的条状面料。

款式图（工艺图/平面图）

用成比例的线画出服装，能清楚地表达服装的设计和结构特点。款式图是平面的，无人体穿着的效果，通常包括后视图，需要的话，会有一些细节部位的放大图。

参考目录

Aldrich，W.M. 2008.
Metric Pattern Cutting
(5th Edition)
John Wiley & Sons

Bolton，A. and Koda，H. 2011.
Alexander McQueen: Savage Beauty
Yale University Press

Chapman，J. 2005.
Emotionally Durable Design: Objects，Experiences and Empathy
Routledge

Chunman，D. 2010.
Pattern Cutting
Laurence King

Fletcher，K. 2008.
Sustainable Fashion & Textiles: Design Journeys
Routledge

Handley，S. 1999.
Nylon: The Manmade Fashion Revolution
Bloomsbury

Heinberg，R. 2010.
Peak Everything
New Society Publishers

Hodge，B. and Mears，P. 2006.
Skin and Bones: Parallel Practices in Fashion and Architecture
Thames and Hudson

Jenkyn–Jones，S. 2011.
Fashion Design
Laurence King

Jones，T. 2008.
Fashion Now 2
Taschen

Koda，H. 2001.
Extreme Beauty: The Body Transformed
Yale University Press

推荐书目

Abling，B. and Maggio K. 2008.
Integrating Draping，Drafting and Drawing
Fairchild

Aldrich，W. 2007.
Fabric，Form and Pattern Cutting
(4th Edition)
Blackwell Publishing

Armstrong，H.J. 2013.
Patternmaking for Fashion Design
(5th Edition)
Pearson Education

Bray，N. 2003.
Dress Pattern Designing
Blackwell Publishing

Burke，S. 2006.
Fashion Computing: Design Techniques and CAD
Burk Publishing

Dormonex，J. 1991.
Madeleine Vionnet
Thames & Hudson

Fischer，A. 2009.
Basics Fashion Design: Construction
AVA Publishing

Nakamichi，T. 2010.
Pattern Magic
Laurence King

Sato，H. 2012.
Drape Drape
Laurence King

Szkutnicka，B. 2010.
Technical Drawing for Fashion
Laurence King

Tyrrell，A. 2010.
Classic Fashion Patterns
Batsford

Ward，J. and Shoben，M. 1987.
Pattern Cutting and Making Up: The Professional Approach
Butterworth–Heineman

可持续面料供应商

Akin Tekstil
www.akintekstil.com.tr
Organic cotton and recycled fibres.

Apac Inti Corpora
www.apacinti.com
Recycled denim.

Ardalanish Weavers
www.ardalanishfarm.co.uk
Native–breed wool and naturally dyed.

Asahi Kasei Fibres Corp
www.asahi–kasei.co.jp
Recycled PET，retrieved polyester fibres for suede alternatives.

Avani Kumaon
www.avani–kumaon.org
Hand spun and woven silk，natural dyes，solar–powered，closed–loop production.

Bhaskar Industries
www.bhaskarindustries.com
Innovative blends of cotton denim for large–scale production.

Bossa Denim
www.bossa.com
Denim production with eco–principles.

Burce Tekstil
www.burce.com.tr
Performance fabrics using organic cotton and certified fabrics，prints and dyes.

Cornish Organic Wool
www.cornishorganicwool.co.uk
100 per cent organic wool yarn.

Dashing Tweeds
www.dashingtweeds.co.uk
Hi–tech tweeds using GOTS certified dyes and processes.

Deltracon
www.deltracon.be
European linen with controlled
chemicals with no heavy metals.

Ecotintes
www.ecotintes.com
Natural and eco-dying.

ES Ltd
www.es-salmonleather.com Eco-
produced leather from salmon
skin (a by-product of the fishing
industry).

Eurolaces
www.eurolaces.com
100 per cent organic macramé
lace, eco-production.

Guangzhou Tianhai Lace Co.
www.gztianhai.com
Laces using recycled
polyester and nylon, organic
cotton, modal and cupro, eco-
production.

Gulipek
www.gulipek.com
Natural cellulose-
based fabrics such as
tencel, cupro, silk, linen
meeting EU regulations.

Hemp Fortex Industries
www.hempfortex.com
Eco-production of hemp and
other fabrics.

Herbal Fab
www.herbalfab.com
Handspun and woven vegetable
dyed fabrics, eco-production
and community support.

Holland & Sherry
www.hollandandsherry.com
Merino, fine and worsted
wools, wastewater treatment.

Jasco
www.jascofabrics.com
Environmentally sensitive
fabrics, organic cotton, low-
impact dyes.

Jiangsu Danmao
www.verityfineworsteds.co.uk
Wool and recycled fibres, animal
welfare and developing
biodegradable polyester.

Jiangxing Jiecco
Helen@jiecco.com
Raw organic fibres for a range of
woven and knitted fabrics.

Klasikine Tekstile
klasikinetekstile.lt
Eco-produced European linen.

Libeco-Lagae
www.libeco.com
European linen, low-impact
dyes.

Lurdes Sampaio SA
www.lsmalhas.com
Innovative organic fibre com
binations, e.g.Crabyon, Ra
mie, Modal, TENCEL C and
Kapok, recycled cotton and
bypass re-dying.

Mahmood Group
www.mahmoodgroup.com
Eco-organic cotton.

Northern Linen
www.northern-linen.com
Organic linen.

Organic Textile Company
www.organiccotton.biz
Suppliers of organic and fair-
trade cotton and bamboo fabrics.

Pastels SAS
www.pastels.fr
Organic, recycled and ethically
produced fabrics.

Peru Naturtex
www.perunaturtex.com
Fair-trade Peruvian organic
cotton and Alpaca knit and woven
fabrics, natural dyes.

Pickering International
www.picknatural.com
Importers and wholesalers of
organic and natural fibre textiles
in the United States.

Singtext/Scafe
www.singtex.com
Recycled coffee grounds
combined with a range of
fibres and recycled polyester
for performance and insulation
fabrics.

Sophie Hallette
www.sophiehallette.com
Lace and gossamer tulle using
traditional and modern methods
following Oeko-Tex guidelines.

Svarna
www.svarna.com
Luxurious gold muga silk,
hand-woven khandi cottons
and other traditional textiles
with low impact carbon footprint.

Swiss Organics
www.swissorganicfabrics.ch
Organization representing Swiss
organic cotton producers.
Tessitura Corti
www.tessituracorti.com
Recycled polyester performance
textiles.

The Natural Fibre Company
www.thenaturalfibre.co.uk
Organic, naturally dyed
wool, eco-production.

TYMAXX INC
www.tymaxx.com.tw
Recycled polyester fabrics, low
impact dyes, eco-production

Weisbrod
www.weisbrod.ch
Organic silks, eco- and social
principles, fully traceable supply
chain.

Winfultex
www.winfultex.com.tw
Recycled polyester, modal and
organic cotton for sports and
casual fabrics.

索引

图片说明

人体测量和坯布照片由麦洛·贝尔·格鲁夫（Milo Belgrove）摄影，款式图和结构图由帕特·帕瑞斯、迈克尔·克劳利（Michael Crawley）和波莉·史密斯绘制。

致谢

这本书一开始只是个人项目，但后来逐渐形成了一个团队，其中包括学生、设计师、描图师、摄影师、产业供应商以及那些一直默默支持我的人。这本书是为了那些有抱负的设计师与制板师而作的，像为本书投入了极大热情的吉纳维芙·斯潘塞（Genevieve Spencer）。

感谢：

特别感谢波莉·史密斯（Polly Smith），她有着出色的插画技巧，因此能够让工作有条不紊地完成。

感谢科莱特·迈克尔（Colette Meacher）编辑和汉娜·马斯顿（Hannah Marston）编辑，在写作期间给予我不断的支持和鼓励，所以我要特别提出来。

感谢所有参与本书的工作人员，愿意贡献他们宝贵的时间和分享他们极富灵感的工作内容：

承担描图工作的迈克尔·克劳利（Michael Crawley），尽管他完全不懂样板，但我敢肯定他现在一定知道NP点和布纹线。

感谢我的儿子亚历克斯·派瑞思（Alex Parish）帮我找到摄影师麦洛（Milo）、模特儿杰丝（Jess）以及描图师迈克尔。

感谢马吉·道尔（Maggie Doyle）绘制了超棒的插图。

感谢杰丝配合摄影师拍摄精美的图片，她理应得到报酬。

感谢麦洛·贝尔格鲁夫（Milo Belgrove）把影棚和拍摄都安排妥当。

感谢杰奎·班赛的采访。

感谢专业供应商凯尼特（Kennet）和琳赛尔（Lindsell）提供小型人台的资金。

感谢供应商——致力于有机棉商务的菲尔·维勒（Phil Wheeler）赞助有机棉和竹丝绸。

感谢可持续发展非营利组织提供可持续面料供应商的名录。

感谢我的家人和朋友一直给我鼓励。

这本书献给我的一位特殊朋友帕特·罗伯茨（Patt Roberts）。

要感谢出版商黛比·奥赛普（Debbie Allsop）、瑞秋·安德森（Rachel Anderson）、琳恩·伯拉迪（Lynn Boorady）、莎莉·福克斯（Sally Folkes），谢尔比·纽波特（Shelby Newport）和利亚·鲍尔斯（Leah Powers），感谢他们对原稿的评论与修改。